누구나 쉽게
계산을 배울 수 있는

Numeracy for All

계산
자신감

개정판

4

곱셈/나눗셈

저자 소개

정재석

서울아이정신건강의학과 원장, 소아정신과 전문의, 의학박사
서울대학교 의과대학 및 대학원 졸업
서울대학교병원 정신건강의학과 전문의
서울대학교병원 소아정신과 임상강사
역서 : 『난독증의 재능』『비언어성 학습장애, 아스퍼거 장애 아동을 잘 키우는 방법』,
　　　『난독증의 진단과 치료』『난독증 심리학』『수학부진아 지도프로그램, 매스리커버리』
저서 : 『읽기 자신감』(세트 전 6권)

송푸름

모든 아이들에게 교육적으로 공정한 출발점을 만들어 주는 것이 중요한 가치라고 여기고 이를 위해 노력하고 있다. 현재 인천 소재 초등학교에 근무 중이며, 2014년부터 좋은교사운동 '배움 찬찬이' 연구회에서 활동하고 있다.

계산 자신감 4 곱셈/나눗셈　　　　　　　　　　　　　　개정판

2판 발행일	2020년 5월 22일
초판 발행일	2017년 9월 29일

지은이	정재석, 송푸름
펴낸이	손형국
펴낸곳	㈜북랩
편집인	선일영
편집	강대건, 최예은, 최승헌, 김경무, 이예지
디자인	디자인산책
일러스트	정선은, 권노은, 정수현
제작	박기성, 황동현, 구성우, 장홍석
마케팅	김회란, 박진관, 장은별
출판등록	2004. 12. 1(제2012-000051호)
주소	서울시 금천구 가산디지털 1로 168, 우림라이온스밸리 B동 B113, 114호, C동 B101호
홈페이지	www.book.co.kr
전화번호	(02)2026-5777
팩스	(02)2026-5747
ISBN	979-11-6539-195-9 64410 (종이책)
	979-11-6539-196-6 65410 (전자책)
	979-11-6539-188-1 64410 (세트)

㈜북랩 성공출판의 파트너

북랩 홈페이지와 패밀리 사이트에서 다양한 출판 솔루션을 만나 보세요!
홈페이지 book.co.kr　블로그 blog.naver.com/essaybook　원고모집 book@book.co.kr

수학이 어려운 아이들을 위해

2007년부터 병원을 열어 한글을 배우기 힘들어하는 학생들의 치료를 시작했습니다. 외국 난독증 프로그램을 우리나라에 맞게 바꾸고 부족한 부분은 외국인을 위한 한국어 교재로 보충했습니다. 그 결과 좋아지는 아이들이 점점 많아졌습니다. 하지만 수학을 힘들어하는 아이들이 여전히 많았습니다.

아이들에게 도움이 될 만한 수학 프로그램 중에서 맥그로우힐(McGraw-Hill)의 '넘버 월드(Number Worlds)'와 호주와 뉴질랜드에서 사용되고 있는 '매스리커버리(Math Recovery)'가 눈에 들어왔고 이 둘 중에 더 근거가 많아 보이는 '매스리커버리'를 선택했습니다. 김하종 신부님이 김시욱이라는 학생을 소개시켜 주었는데 그는 놀라운 속도와 실력으로 '매스리커버리'를 초벌 번역해 주었습니다. 그의 원고를 바탕으로 2011년, 『수학부진아 지도프로그램 매스리커버리』(시그마프레스)를 번역·출판했습니다. 『수학부진아 지도프로그램 매스리커버리』가 나온 후 두 가지 피드백을 받았습니다. 첫째는 왜 '수학 부진아'라는 제목을 사용해서 책을 들고 다니는 아이들을 부끄럽게 만드느냐 하는 것이었고 둘째는 무엇보다 실제 수업에 사용하기는 어렵다는 것이었습니다. 그래서 실제 수업에 적용할 수 있는 워크북 작업을 시작했습니다. 김하종 신부님의 인도로 반포 성당의 대학생 자원 봉사자인 김미성, 선우동혁, 원선혜, 유재호, 윤여옥, 이영우, 이재한, 이효선 8명은 『수학부진아 지도프로그램 매스리커버리』가 워크북이 되도록 많은 문서 작업을 해 주었습니다.

이렇게 만들어진 워크북을 사용하던 중에 2014년 클레멘츠(Douglas H. Clements)와 사라마(Julie Sarama)의 『Learning and Teaching Early Math: The Learning Trajectories Approach』 2판을 접하게 되었고 아동의 수학 발달 단계는 아이를 평가하고 지도할 때 가장 믿을 만한 내비게이션이 될 것으로 보였습니다. 그래서 학교 현장에서 수학을 가르치고 있는 좋은교사운동 배움찬찬이연구회 선생님들과 함께 클레멘츠의 러닝 트라젝토리(The Learning Trajectories) 이론에 맞추어 『수학부진아 지도프로그램 매스리커버리』를 참고로 재구성하였습니다. 그리고 발달단계 상에서 필요하지만 『수학부진아 지도프로그램 매스리커버리』에서 다루지 않은 부분이 발견되면 기존의 수감각 교재를 참고로 과제를 다시 개발하였습니다. 이 책이 수학 부진을 예방하고 싶은 6~7살 아동, 기초학력을 보정하려는 초등학교 저학년, 자연수와 사칙연산을 배우고 싶은 모든 아이들을 위한 책이 되길 기대합니다.

감사의 말씀을 드리고 싶은 사람들이 더 있습니다. 더 늦기 전에 부모님에게 감사의 말을 전하고 싶습니다. 제 부모님(정현구, 서창옥)은 수학을 좋아하셨습니다. 또 책을 읽고 쓰는 작업에 시간을 많이 쓰는 남편에게 한 번도 불평하지 않고 지원해준 아내에게도 고맙다고 말하고 싶습니다.

2020년 5월
저자 정 재 석

3

책을 어떻게 사용할까?

발달경로(Learning Trajectories) 이론에 따른 교재 구성

본 교재는 학년 군에 따른 초등수학의 교육과정이 아닌 발달경로 이론에 따라 과제가 구성되어 있습니다. 발달경로는 아동의 현재 수준을 진단하고 현재 수준에서 다음 단계로 향상시키기 위해서 필요한 과제를 알려줍니다. 진단평가에서 80% 이상 맞힌 경우 통과한 것으로 간주합니다. 충분히 학습한 후에는 재평가를 실시하여 통과 여부를 결정합니다.

기존의 연산 교재와 본 교재의 차이점

구 분	기존 교재	계산 자신감
직산 능력	강조되지 않음	최우선 강조
수 세기	별도로 제시하지 않고 연산 상황에서 암묵적으로 나타냄	단계별로 명시적으로 교육
실생활 상황	스토리에 기반하여 글로 제시	도형이나 점을 이용해서 가리거나 더하면서 반구체물 상황으로 제시
과제 형식	문제를 보며 숫자로 제시	교사와 소통하며 말로 불러주기 강조
연산 방법	하나의 방법인 표준 알고리즘을 숙달될 때까지 반복 연습	학생들이 만든 다양한 전략을 소개하고 이해하는 활동을 통해 연산마다 다양한 전략을 유연하게 선택하는 것을 강조

프로그램 구성

계산 자신감은 '이해하기-함께 하기-스스로 하기'로 구성되어 있습니다. '이해하기'에는 교사와 학생이 대화하며 문제를 푸는 방법이 소개되어 있습니다. '이해하기' 단계를 반드시 읽고, QR코드로 링크되어 있는 추가 자료도 활용하시기를 권합니다. 추가 자료에는 학습목표, 발달단계, 지도지침, 평가용 파워포인트, 지도방법 동영상, 정답지가 있습니다. '함께 하기'는 교사와 학생이 함께 활동하는 단계이며 '스스로 하기'는 위의 두 단계를 활용하여 혼자 연습하는 활동입니다.

네이버 '계산 자신감' 카페

책을 구매하신 분은 네이버 '계산 자신감' 카페에 가입하시길 권합니다. 게시판에는 QR코드에 링크된 자료뿐 아니라 매스리커버리 등 다양한 초등 수학 관련 자료가 있습니다. 또한 궁금한 점을 문의하거나 성공사례를 공유할 수 있고, 활동연습지를 더 내려받거나 향후 교재개발에 필요한 점을 올릴 수도 있습니다. (https://cafe.naver.com/mathconfidence/444)

부록 카드 및 보조 도구의 사용

본 교재에는 540장의 부록 카드가 필요합니다. (주)북랩 홈페이지(http://www.book.co.kr)에서 별도로 판매하고 있습니다. 1~4권까지 지속적으로 사용되므로 명함 정리함 등에 보관하여 사용하시거나 스마트폰에 그림 형태로 저장하여 사용하시면 편리합니다. 활동에 따라 연결 큐브, 구슬틀(rekenrek) 수모형, 바둑돌 등 구체물을 그림 대신 사용하실 수 있고 교재에 제시된 앱이나 소프트웨어를 이용할 수 있습니다.

프로그램의 일반적 적용

아동의 수준	프로그램 진행 순서
6~7살 아동	1, 2권 A단계부터
초등학교 1학년	1, 2권 B단계부터
10 넘는 덧셈이 힘든 경우	1권, 2권부터
초등학교 2학년 1학기인 경우	1권 D단계, 2권 (다) E단계, 3권 (바) A단계, 4권 (사) A단계부터
두 자릿수 덧셈, 뺄셈을 처음부터 공부하고 싶은 경우	3권 (바) A단계부터
문장제 문제를 어려워 하는 경우	사칙연산의 연산감각 부문만
계산은 정확하게 하지만 속도가 느린 경우	사칙연산의 유창성 훈련만

사칙연산에서 학년 수준의 연산 정확도와 속도기준에 도달하면 이 프로그램을 끝내도 됩니다.

계산 자신감의 구성

1권	가. 직산과 수량의 인지	A-1단계 한 자릿수 직산(5 이하의 수) B단계 20 이하 수 직산 D단계 세 자릿수 직산	A-2단계 한 자릿수 직산(10 이하의 수) C단계 두 자릿수 직산
	나. 수끼리의 관계	A단계 한 자릿수의 수끼리 관계 C단계 두 자릿수의 수끼리 관계	B단계 20 이하 수의 수끼리 관계 D단계 세 자릿수의 수끼리 관계
2권	다. 수 세기	A단계 일대일 대응 C단계 이중 세기	B단계 기수성 D단계 십진법
	라. 작은 덧셈	A단계 덧셈 감각	B단계 덧셈 전략
	마. 작은 뺄셈	A단계 뺄셈 감각	B단계 뺄셈 전략
3권	바. 큰 덧셈/뺄셈	A단계 두 자리 덧셈/뺄셈을 위한 기초 기술 B단계 두 자릿수 덧셈 D단계 세 자리 덧셈/뺄셈을 위한 기초 기술 E단계 세 자릿수 덧셈	C단계 두 자릿수 뺄셈 F단계 세 자릿수 뺄셈
4권	사. 곱셈	A단계 곱셈을 위한 수 세기 C단계 작은 곱셈 E단계 곱셈의 달인	B단계 곱셈 감각 D단계 큰 수 곱셈
	아. 나눗셈	A단계 나눗셈을 위한 수 세기 C단계 짧은 나눗셈	B단계 나눗셈 감각 D단계 긴 나눗셈

차례

곱셈/나눗셈
기초 기술 평가

A. 곱셈을 위한 수 세기 기초 기술 평가

B. 나눗셈을 위한 수 세기 기초 기술 평가

C. 곱셈 감각 평가

D. 곱셈 전략 평가

E. 나눗셈 감각 평가

곱셈/나눗셈 기초 기술 평가에 관한 안내

1. 기초 기술 평가는 학생들이 암산으로 계산하는 평가 방식으로 따로 학생용 문제지를 제공하지 않고 있습니다.
2. 기초 기술 평가용 PPTX 파일은 QR코드를 통해 네이버 '계산자신감' 카페에서 확인하실 수 있습니다.
3. 각 항목에서 80% 이상을 맞추면 도달로 간주합니다.
4. 각 항목에서 미도달 시 아래 프로세스에 따라 보충해 주시기 바랍니다.
5. 보충 단계가 끝나면 『계산자신감』 4권 C단계부터 학습을 시작합니다.
6. 누구나 1번부터 시행하며, 아동 반응을 별도로 기술해 주시기 바랍니다.

곱셈/ 나눗셈 기초 기술 평가 프로세스

평가	보충	도달
곱셈을 위한 수 세기 기초 기술 평가 A	미도달 → 4권 (사) A단계 →	4권 (사) B단계
나눗셈을 위한 수 세기 기초 기술 평가 B	미도달 → 4권 (아) A단계 →	4권 (아) B단계
곱셈 감각 평가 C	미도달 → 4권 (사) B단계 →	4권 (사) C단계
곱셈 전략 평가 D	미도달 → 4권 (사) C단계 →	4권 (사) D단계
나눗셈 감각 평가 E	미도달 → 4권 (아) B단계 →	4권 (아) C단계

A. 곱셈을 위한 수 세기 기술 평가

A항목	불러줄 문항	목표반응	(1점/0점)
A-가 (묶음 만들기)	(15개의 바둑돌을 주고) 한 묶음당 4개씩 들어 있는 묶음 3개를 만들어 보세요.	● ● ● ● ● ● ● ● ● ● ● ●	
	모두 몇 개의 돌이 필요한가요?	15개 중 12개만 사용 - 1점	
	교사 관찰:묶음을 만들 때 바둑돌을 몇 개씩 옮겨서 만들었나요? [아동반응기록] □1개씩 □2개씩 □4개씩 □기타 : ( )		
	교사 관찰:묶음을 만든 바둑돌의 개수를 알기 위해 몇 개씩 세었나요? [아동반응기록] □1개씩 □2개씩 □4개씩 □기타 : ( )		
A-나 (뛰어 세기 유창성)	선생님이 멈추라고 할 때까지 2씩 건너 뛰며 숫자를 세어 보세요. (20에서 멈춤)	2, 4, 6, 8, 10, 12, 14, 16, 18, 20.	
	선생님이 멈추라고 할 때까지 3씩 건너 뛰며 숫자를 세어 보세요. (15에서 멈춤)	3, 6, 9, 12, 15.	
	20에서 2까지 2씩 거꾸로 건너 뛰어 숫자를 세어 보세요.	20, 18, 16, …, 6, 4, 2.	
	선생님이 멈추라고 할 때까지 50에서 5씩 거꾸로 건너뛰며 숫자를 세어 보세요. (15에서 멈춤)	50, 45, 40, …, 15, 10, 5.	
평가 날짜	월 일	**정답 수**	/6

※ 정답 : 1점, 오답 : 0점으로 처리함.

B. 나눗셈을 위한 수 세기 기술 평가

준비물 : 바둑돌

평가항목	불러줄 문항		목표 반응	(1점/0점)
B (묶음 세기)	(B-1을 보여 주며) 점은 모두 몇 개입니까?		20	
	(B-2를 보여 주며) 점은 모두 몇 개입니까?		15	
	(B-3을 보여 주며)	아래 그림에서 줄은 모두 몇 줄입니까?	4줄	
		한 줄당 점은 몇 개입니까?	5개	
		점은 모두 몇 개입니까?	20개	
	(B-4를 보여 주며) 점은 모두 몇 개입니까?		20개	
	(B-5를 보여 주며)	접시는 모두 몇 개입니까?	4개	
		접시마다 사탕은 모두 몇 개입니까?	3개	
		사탕은 모두 몇 개입니까?	12개	
	(바둑돌 15개를 준비한다.) 여기 돌이 15개 있어요. 학생 3명에게 똑같이 나눠주면 몇 개씩 가지게 되나요?		5개	
	┗▶ [아동반응기록] □ 1개씩 옮김 □ 5개씩 옮김 □ 기타 : ( )			
	(바둑돌 12개를 준비한다.) 여기 돌이 12개 있어요. 4개씩 나누어 준다면 학생 몇 명에게 나누어 줄 수 있을까요?		3명	
	┗▶ [아동반응기록] □ 1개씩 □ 2개씩 □ 4개씩 □ 기타 : ( )			
	(바둑돌 24개를 준비한다.) 여기 돌이 24개 있어요. 학생 3명에게 똑같이 나눠 주면 몇 개씩 가지게 되나요?		8개씩	
	┗▶ [아동반응기록] □ 1개씩 나눔 □ 8개를 한 번에 □ 기타 : ( )			
	이번엔 4명에게 똑같이 나눠 주면 몇 개씩 가지게 되나요?		6개씩	
	(교사 관찰 : 3명에서 4명으로 늘 때 돌을 다시 모았다가 하는지, 혹은 원래 상태에서 하는지) ┗▶ [아동반응기록] □ 다시 모았다가 □ 원래 상태에서			
평가 날짜	월 일		정답 수	/13

※ 정답 : 1점, 오답 : 0점으로 처리함.

C. 곱셈 감각 평가

평가항목	불러줄 문항	목표 반응	(1점/0점)
C-가 (보지 않고 묶음 세기)	(C-가-1을 보고) 카드 한 장에 점이 3개씩 있어요. 카드가 모두 7장이라면 점은 모두 몇 개일까요?	21개 - 4점	
	(└▶ 푼다면, C-가-2를 보여 주고) 점은 모두 몇 개일까요?	3점	
	(└▶ 못 푼다면, C-가-3을 보여 주고) 점은 몇 개일까요?	2점	
	(└▶ 못 푼다면, C-가-4를 보여 주고) 점은 몇 개인가요?	1점	
C-나 (보지 않고 점배열 세기)	(C-나-1을 보여준 뒤) 몇 줄이 보이나요? 아래에 3줄이 더 있다면 점은 모두 몇 개일까요?	15개	
	(C-나-2를 보여준 뒤) 한 줄에 점이 몇 개인가요? 점이 모두 12개라면 안 보이는 줄까지 합쳐 모두 몇 줄인가요?	6줄	
	(C-나-3을 보여준 뒤) 한 줄에 점이 몇 개인가요? 점이 모두 20개라면 안 보이는 줄까지 합쳐 모두 몇 줄인가요?	4줄	
평가 날짜	월 일	정답 수	/7

※ 정답 : 1점, 오답 : 0점으로 처리함.

D. 곱셈 전략 평가

평가항목	불러줄 문항	목표 반응	(1점/0점)
D-가 (작은 곱셈 전략)	9 곱하기 7은?	63	
	8 곱하기 6은?	48	
	6 곱하기 6은?	36	
	7 곱하기 8은?	56	
D-나 (작은 곱셈 전략)	2명의 학생이 있고 각각 책을 7권씩 가지고 있습니다. 책은 모두 몇 권일까요? 어떻게 풀었는지 말해 보세요.	14	
	➥ [아동반응기록] □ 하나씩 세기 □ 2씩 세기 □ 2씩 세다가 나중에 하나씩 세기 □ 2 곱하기 7로 바로 곱셈으로 풀기 □ 기타		
	필통이 5개 있고 필통마다 연필이 3자루씩 들어 있습니다. 연필은 모두 몇 자루일까요? 어떻게 풀었는지 말해 보세요.	15	
	➥ [아동반응기록] □ 하나씩 세기 □ 5씩 세기 □ 5씩 세다가 나중에 하나씩 세기 □ 5 곱하기 3으로 바로 곱셈으로 풀기 □ 기타		
	새나는 하루에 수학 문제집을 4페이지 풀었습니다. 5일 동안 수학 문제집을 몇 페이지 풀었습니까? 어떻게 풀었는지 말해 보세요.	20	
	➥ [아동반응기록] □ 하나씩 세기 □ 4씩 세기 □ 4씩 세다가 나중에 하나씩 세기 □ 4 곱하기 5로 바로 곱셈으로 풀기 □ 기타		
	하람이는 사탕 6개를 가지고 있습니다. 보배는 하람이보다 사탕을 4배 더 많이 가지고 있습니다. 보배가 가진 사탕의 수는 몇 개인가 요? 어떻게 풀었는지 말해 보세요.	24	
	➥ [아동반응기록] □ 하나씩 세기 □ 6씩 세기 □ 6씩 세다가 나중에 하나씩 세기 □ 6 곱하기 4로 바로 곱셈으로 풀기 □ 기타		
D-다 (큰 수 곱셈 전략)	14 곱하기 4	56	
	23 곱하기 2	46	
	16 곱하기 40	640	
평가 날짜	월 일	**정답 수**	/11

※정답 : 1점, 오답 : 0점으로 처리함.

E. 나눗셈 감각 평가

평가항목	불러줄 문항		목표 반응	(1점/0점)
E-가 (곱셈/나눗셈 관계)	(E-가-1를 보여 주며) 아래 두 곱셈 중 어느 쪽이 큰가요? 같다면 왜 같은지 설명해 보세요.		모두 21로 답이 같다.	
	(E-가-2를 보여 주며)	8 곱하기 4는 얼마인가요?	32	
		32 나누기 4의 답과 무슨 관계 가 있을까요?	8	
E-나 (넓이)	(E-나-1를 보여 주며) 네모를 모두 채우는 데 작은 타일이 몇 장이나 필요할까요?		18	
	(E-나-2를 보여 주며) 네모를 모두 채우는 데 작은 타일이 몇 장이나 필요할까요?		12	
	(E-나-3를 보여 주며) 네모를 모두 채우는 데 작은 타일이 몇 장이나 필요할까요?		25	
평가 날짜	월 일		정답 수	/6

※정답 : 1점, 오답 : 0점으로 처리함.

계산
자신감

Chapter 사

곱셈

A단계

곱셈을 위한 수 세기

이해하기 1) 점배열 보며 5씩 세기

선생님

아래 점이 5개씩 들어간 상자가 점점 늘어나고 있어요.
점이 모두 몇 개인지 가리키면서 차례대로 세어봅시다.

5, 10, 15, 20, 25입니다.

마루

점이 5씩 더 늘어나고 있습니다.
손으로 가리키면서 5부터 50까지 5씩 세어 볼까요?

5, 10, 15, 20, 25, 30, 35, 40, 45, 50입니다.

 Guide 점을 가리키면며 5씩 뛰어 세다가 점차 점을 보지 않고 5부터 30까지, 50까지, 100까지 수를 늘려 나가면서 뛰어 세도록 합니다.

아래 그림을 보고 마루의 방법으로 빨간 점을 세어 봅시다.

1 빨간 점이 모두 몇 개인지 손으로 가리키면서 세어봅시다.

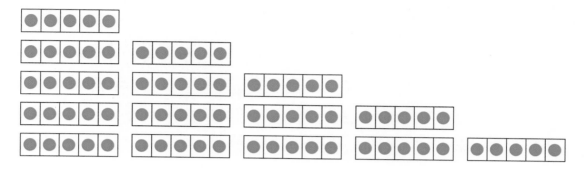

2 점을 보지 말고 25부터 5까지 5씩 거꾸로 세어 봅시다.

3 손으로 점을 가리키면서 50부터 5씩 거꾸로 세어 봅시다.

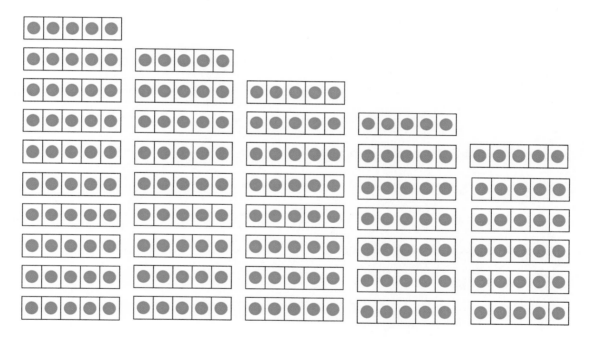

4 점을 보지 말고 50부터 5까지 5씩 거꾸로 세어 봅시다.

연결큐브가 있다면 이를 이용하여 5씩 뛰어 세어 보세요.

1 연결큐브를 5씩 연결한 것()을 10개 준비합니다.

2 연결큐브를 5씩 연결한 것을 하나씩 내려놓으면서 5씩 뛰어 세어 보세요.

3 연결큐브를 5씩 연결한 것을 하나씩 들면서 5씩 거꾸로 뛰어 세어 보세요.

선생님이 가리개를 이용하여 5씩 뛰어 세는 시범을 보여줄게요.
(가리개로 5만 보이게 가린 후)
점의 개수는 5입니다.

선생님

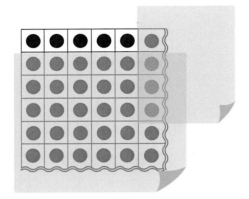

5 다음은 10이에요.
그림으로 확인해봅시다.

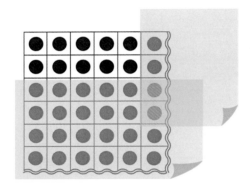

Guide　가리개로 한 줄 씩 늘려나가 5씩 뛰어 세는 시범을 50까지 보여줍니다. 5타일 카드(부록421)로도 활동해보세요.

이제 문제를 내보겠습니다.
점의 개수는 모두 몇입니까?

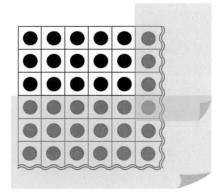

15입니다.

마루

Guide　시범을 보였던 것처럼 5개씩 늘려나가면서 학생이 5부터 50까지 5씩 뛰어 셀 수 있도록 지도해 주세요.

함께 하기   보이는 점의 배열을 '5개씩 몇 줄'처럼 묘사해 보세요. 이어서 불러 주는 점의
배열을 가리개를 이용해서 나타내 보세요. (예를 들어, '5개씩 6줄을 가리개를
이용하여 만들어 보세요.')

①

②

③

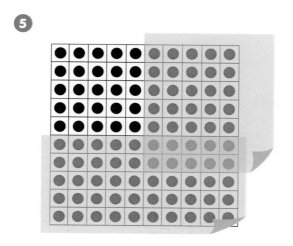

④

⑤

⑥

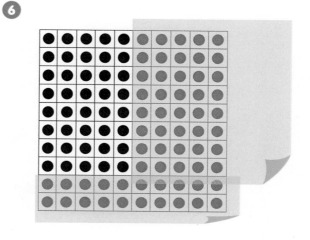

5씩 커지는 숫자트랙을 이용하여 문제를 풀어 봅시다.

5	10	15	20	25	30	35	40	45	50
55	60	65	70	75	80	85	90	95	100

1 숫자트랙을 보면서 소리내어 읽어 보세요. 숫자들이 어떻게 변하고 있나요?

2 숫자트랙을 5만 남기고 가리개로 덮습니다.
다음에 올 숫자는 무엇일지 맞춰 보고 가리개를 열어 맞게 읽었는지 하나씩 확인해봅시다.

3 다시 한 번 숫자트랙을 보면서 1의 자리가 어떻게 변하는지 말해 봅시다.
1의 자리가 0, 5, 0, 5, 0, 5로 변하는 패턴을 익힐 수 있도록 지도합니다.

4 5씩 뛰어 세기를 어려워하면, 아래와 같이 0-5-0-5 패턴을 이용하여 지도할 수 있습니다.

 5씩 수를 뛰어 세어봅시다. 5 다음은 무엇인가요?

 10이에요.

 그 다음은요?

 15예요.

그 다음은요?

20이에요.

 일의 자리 수가 5-0-5-0으로 변하고 있네요. 그러면 20 다음에 오는 수의 일의 자리에는 뭐가 올까요?

 그러면 5가 올 차례예요.

5 숫자트랙을 보지 않고 5부터 100까지 숫자를 읽어 봅시다.

6 숫자트랙을 보면서 100부터 시작해서 거꾸로 숫자를 읽어 봅시다.

7 일의 자리에 오는 수의 0-5-0-5 패턴을 생각하면서 거꾸로 5씩 세기를 연습해 봅시다.
가능하다면 숫자트랙을 보지 않고 100부터 시작해서 거꾸로 숫자를 말해 봅시다.

이해하기 1) 그림 보며 2씩 세기

선생님

아래 점이 2개씩 들어간 상자가 점점 늘어나고 있어요.
점이 모두 몇 개인지 가리키면서 차례대로 세어봅시다.

2, 4, 6, 8, 10입니다.

하나

이번에는 점을 보지 않고 2부터 10까지 2씩 세어 볼까요?

2, 4, 6, 8, 10입니다.

이번에는 네모가 점점 줄어들고 있습니다.
한 줄에 있는 점의 개수를 손가락으로 가리키면서 말해 보세요.

10, 8, 6, 4, 2입니다.

이번에는 점을 보지 않고 10부터 2까지 거꾸로 2씩 세어 볼까요?

10, 8, 6, 4, 2입니다.

Guide 학생이 점을 보지 않고 머릿속으로 계산하여 2씩 뛰어 셀 수 있도록 지도해 주세요.

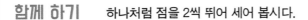

1 세로 줄에 있는 점의 개수를 차례대로 말해 보세요. 어떤 규칙이 있나요?

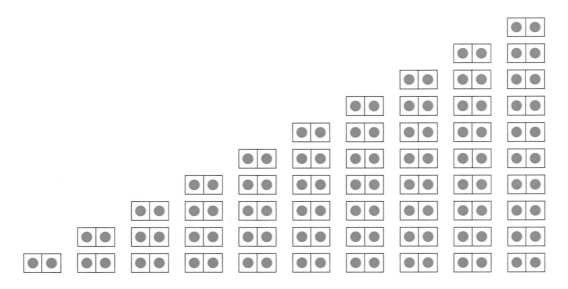

2 세로 줄에 있는 점의 개수를 말해 보세요. 어떤 규칙이 있나요?

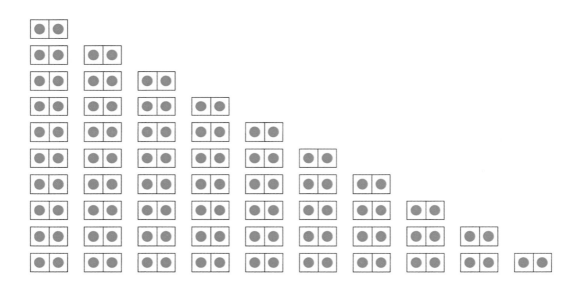

스스로 하기   연결큐브가 있다면 이를 이용하여 2씩 뛰어 세어 보세요.

1 연결큐브를 2씩 연결한 것(⊙⊙)을 10개 준비합니다.

2 연결큐브를 2씩 연결한 것을 하나씩 내려놓으면서 2씩 뛰어 세어 보세요.

3 연결큐브를 2씩 연결한 것을 하나씩 들면서 2씩 거꾸로 뛰어 세어 보세요.

선생님

점이 2개만 보이게 해보세요. 다음은 4. 확인해 볼까요?

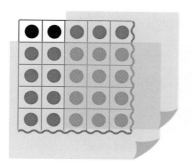 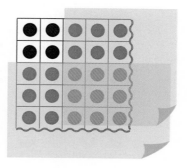

이어서 6을 만들어 보세요. 이제 혼자 8, 10, 12와 같이 20까지 만들어 보세요.

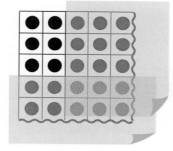

하나

Guide 100점판 위에 가리개 2개를 이용하여 2부터 20까지 2씩 뛰어 세도록 합니다. 2타일 카드(부록 420)로도 활동해보세요.

(2×10만큼 점을 보여주고)
점의 개수가 모두 2, 4, 6, 8, 10, …,20이네요.
한번 하나가 세어 볼까요?

2, 4, 6, 8, 10, …, 20입니다.

Guide 시범을 보였던 것처럼 2씩 늘려나가면서 학생이 2부터 20까지 뛰어 셀 수 있도록 지도해 주세요.

함께 하기   하나처럼 가리개를 이용하여 2씩 숫자를 뛰어 세어 보고 1씩 세서 맞는지 확인해봅시다.

함께 하기   숫자 트랙을 이용하여 2씩 뛰어 세어 봅시다.

| 2 | 4 | 6 | 8 | 10 | 12 | 14 | 16 | 18 | 20 |

1 숫자트랙을 보면서 소리내어 읽어 보세요. 숫자들이 어떻게 변하고 있나요?

2 숫자트랙을 2만 남기고 가리개로 덮습니다.
다음에 올 숫자는 무엇일지 맞춰 보고 가리개를 열어 맞게 읽었는지 하나씩 확인해봅시다.

3 다시 한 번 숫자트랙을 보면서 1의 자리가 어떻게 변하는지 말해 봅시다.
1의 자리가 2, 4, 6, 8, 0으로 변하는 패턴을 익힐 수 있도록 지도합니다.

4 숫자트랙을 보지 않고 2부터 20까지 숫자를 읽어 봅시다.

5 숫자트랙을 보면서 20부터 시작해서 거꾸로 숫자를 읽어 봅시다.

6 2-3의 방법으로 거꾸로 2씩 세기를 연습해봅시다.
가능하다면 숫자트랙을 보지 않고 20부터 시작해서 거꾸로 숫자를 말해 봅시다.

더 알아보기   대화를 주고받으며 2씩 뛰어 세기를 연습해 보세요.

① 1씩 주고받기

 선생님

선생님이랑 같이 1부터 시작해서 수 세기를 해 봅시다.
선생님이 1 하고 말하면 마루는 2, 선생님이
3 하면 마루는 4라고 말하면 됩니다. 자, 준비. 1.

2.   마루

    3

4.

    (중략) …, 19.

20.

② 선생님 작게 - 학생 크게 말하기

잘했어요. 이번엔 선생님이 수를 아주 작게 말할 거예요.
그러면 마루는 큰 소리로 다음 수를 말해 보세요.
자 준비, (학생과 한 번씩 번갈아 가며 아주 작게) 1, 3, …, 19.

2, 4, 6, 8, 10, …, 20

③ 선생님 고개만 끄덕이며 - 학생은 크게 말하기

이번에는 선생님 차례일 때 고개만 끄덕이고 수를 소리 내어
말하진 않을 거예요. 준비.
(학생과 한 번씩 번갈아 가며 고개만 끄덕이며) (1), (3), …, (19).

2, 4, 6, 8, 10, …, 20

④ 거꾸로 세기

지금까지 우리가 한 것을 2씩 세기라고 합니다. 이번에
20부터 시작해서 2씩 세어 볼까요? 자 준비, 시작! 20.
(같은 방법으로 1-3단계를 반복한다.)

3. 다양한 뛰어 세기

1) 그림 보며 3씩 세기

선생님

아래 점이 3개씩 들어간 상자가 점점 늘어나고 있어요.
점이 모두 몇 개인지 가리키면서 차례대로 세어봅시다.

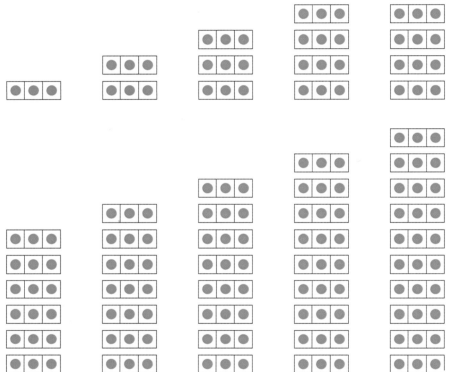

3, 6, 9, 12, 15, 18, 21, 24, 27, 30입니다.

마루

이번에는 점을 보지 않고 3부터 3씩 뛰어 세 볼까요?

3, 6, 9, 12, 15, 18, 21, 24, 27, 30입니다.

Guide 익숙해지면 그 뒤로는 30부터 3까지 3씩 거꾸로 가리키며 점을 세고, 점차 보지 않고 거꾸로 세어볼 수 있도록 지도합니다.

함께 하기   연결큐브가 있다면 이를 이용하여 3씩 뛰어 세어 보세요.

준비물 : 100점판(부록 418), 가리개 2개

선생님: 점이 3개만 보이게 해 보세요.

마루

선생님: 3개 더 보이게 해 보세요.

선생님: 이제 점의 개수가 모두 몇인가요?

마루: 6이요.

선생님: 30까지 보이도록 3씩 뛰어 세봅시다.

Guide 가리개로 한 줄씩 늘려나가 점이 30개가 보일 때까지 반복해 주세요.

선생님: (한 줄씩 가리키며)
점의 개수가 모두 3, 6, 9, …, 24, 27, 30이네요.
한 번 마루가 세어 볼까요?

마루: 3, 6, 9, 12, 15, 18, 21, 24, 27, 30입니다.

Guide 시범을 보였던 것처럼 3개씩 늘려나가면서 학생이 3씩 30까지 뛰어 셀 수 있도록 지도해 주세요.
3타일 카드(부록 421)로도 같은 활동을 해 보세요.

함께 하기 마루처럼 가리개를 이용하여 3씩 뛰어 세어 보고 1씩 세서 맞는지 확인해봅시다.

대화를 주고받으며 3씩 뛰어 세기를 연습해 보세요.

1 번갈아 주고받기

선생님

선생님이랑 같이 1부터 시작해서 수 세기를 해 봅시다.
선생님이 1, 2 하고 말하면 마루는 3, 선생님이 4, 5 하면
마루는 6이라고 말하면 됩니다. 자, 준비. 1, 2.

3.
마루

(중략) 28, 29.

30.

잘했습니다.
(교사와 학생이 순서를 바꾸어 반대로도 해 보세요.)

2 선생님 작게 - 학생 크게 말하기

3 선생님 고개만 끄덕이며 - 학생은 크게 말하기

4 시작하는 수 바꾸기

5 1-3의 방법을 30부터 거꾸로 세어 보기

함께 하기 숫자 트랙을 이용하여 3씩 뛰어 세어 봅시다.

| 3 | 6 | 9 | 12 | 15 | 18 | 21 | 24 | 27 | 30 |

1 숫자트랙을 보면서 소리내어 읽어 보세요. 숫자들이 어떻게 변하고 있나요?

2 숫자트랙을 3만 남기고 가리개로 덮습니다.
다음에 올 숫자는 무엇일지 맞춰 보고 가리개를 열어 맞게 읽었는지 하나씩 확인해봅시다.

3 숫자트랙을 보지 않고 3부터 30까지 숫자를 읽어 봅시다.

4 숫자트랙을 보면서 30부터 시작해서 거꾸로 숫자를 읽어 봅시다.

5 숫자트랙을 30만 남기고 가리개로 덮습니다. 다음에 올 숫자는 무엇일지 맞춰 보고 가리개를 열어 맞게 읽었
는지 하나씩 확인해봅시다. 가능하다면 숫자트랙을 보지 않고 30부터 시작해서 거꾸로 숫자를 말해 봅시다.

선생님

아래 점이 4개씩 들어간 상자가 점점 늘어나고 있어요.
점이 모두 몇 개인지 가리키면서 차례대로 세어봅시다.

4, 8, 12, 16, …, 28, 32, 36, 40입니다.

마루

이번에는 점을 보지 않고 4부터 4씩 뛰어 세 볼까요?

4, 8, 12, 16, …, 28, 32, 36, 40입니다.

Guide   점을 보고 4씩 뛰어세다가 점차 점을 보지 않고 4씩 뛰어 셀 수 있도록 지도해 주세요.
익숙해지면 그 뒤로는 40부터 4까지 4씩 거꾸로 가리키며 점을 세고, 점차 보지 않고 거꾸로 세어볼 수 있도록 지도합니다.

함께 하기   연결큐브가 있다면 이를 이용하여 4씩 뛰어 세어 보세요.

선생님

점이 4개만 보이게 해 보세요.

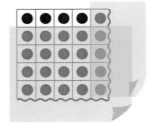

마루

4개 더 보이게 해 보세요.

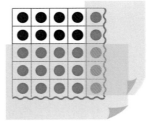

이제 점의 개수가 모두 몇인가요?

8이요.

40까지 보이도록 4씩 뛰어 세봅시다.

Guide   가리개로 한 줄씩 늘려가 점의 개수가 40이 될 때까지 반복해 주세요.

(한 줄씩 가리키며)
점의 개수가 모두 4, 8, 12, 16, …, 40이네요.
한 번 마루가 세어 볼까요?

4, 8, 12, 16, …, 28, 32, 36, 40입니다.

Guide   시범을 보였던 것처럼 4씩 늘려가면서 학생이 4부터 40까지 4씩 뛰어 셀 수 있도록 지도해 주세요.

함께 하기   마루처럼 가리개를 이용하여 4씩 뛰어 세어 보고 1씩 세서 맞는지 확인
해봅시다.

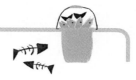

숫자 트랙을 이용하여 4씩 뛰어 세어 봅시다.

| 4 | 8 | 12 | 16 | 20 | 24 | 28 | 32 | 36 | 40 |

1 숫자트랙을 보면서 소리내어 읽어 보세요. 숫자들이 어떻게 변하고 있나요?

2 숫자트랙을 4만 남기고 가리개로 덮습니다.
다음에 올 숫자는 무엇일지 맞춰 보고 가리개를 열어 맞게 읽었는지 하나씩 확인해봅시다.

3 숫자트랙을 보지 않고 4부터 40까지 숫자를 읽어 봅시다.

4 숫자트랙을 보면서 40부터 시작해서 거꾸로 숫자를 읽어 봅시다.

5 숫자트랙을 40만 남기고 가리개로 덮습니다. 다음에 올 숫자는 무엇일지 맞춰 보고 가리개를 열어 맞게 읽었는지 하나씩 확인해봅시다. 가능하다면 숫자트랙을 보지 않고 40부터 시작해서 거꾸로 숫자를 말해 봅시다.

더 알아보기   대화를 주고받으며 다양한 뛰어 세기를 연습해 보세요.

1-1 번갈아 주고받기

선생님이 1, 2, 3이라고 말하면 4를 말하면 됩니다. 5, 6, 7이라고 말하면 마루는 8이라고 말하면 됩니다. 준비 1, 2, 3!

4, … 8…, 12,….

1-2 선생님 작게 - 학생 크게 말하기

1-3 선생님 고개만 끄덕이며 - 학생은 크게 말하기

2 이번에 1부터 시작해서 4씩 세어 보세요. (1, 5, ….)

3 1-3의 방법을 이용하여 40부터 거꾸로 세어 보세요.

4 이번에는 8부터 시작해서 80까지 8씩 뛰어 세어 보세요.

5 이번에는 6부터 시작해서 60까지 6씩 뛰어 세어 보세요.

6 이번에는 9부터 시작해서 90까지 9씩 뛰어 세어 보세요.

7 이번에는 7부터 시작해서 70까지 7씩 뛰어 세어 보세요.

이해하기

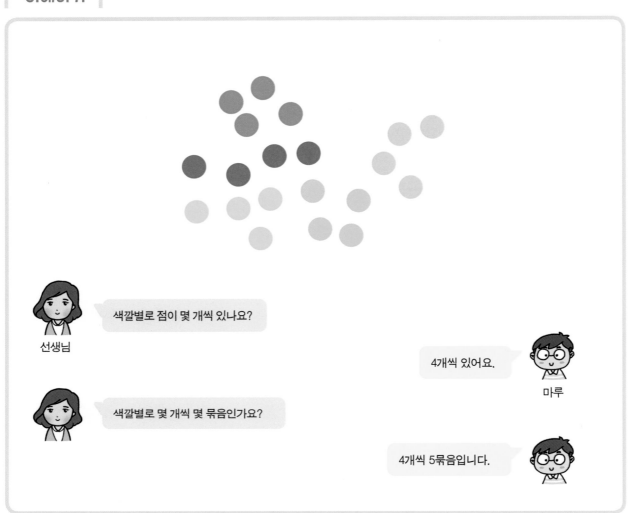

선생님: 색깔별로 점이 몇 개씩 있나요?

마루: 4개씩 있어요.

선생님: 색깔별로 몇 개씩 몇 묶음인가요?

마루: 4개씩 5묶음입니다.

함께 하기   같은 색깔별로 몇 개씩 몇 묶음인지 설명해 봅시다.

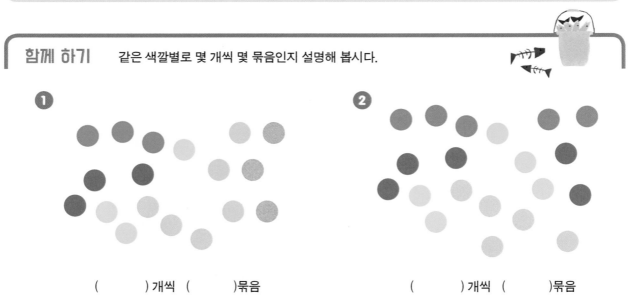

❶ (   ) 개씩 (   )묶음

❷ (   ) 개씩 (   )묶음

스스로 하기   물음에 답해 보세요.

1 빨간 구슬은 토리의 것이고, 파란 구슬은 하람의 것입니다. 각자 몇 개씩 가지고 있습니까?

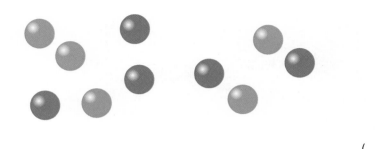

(   ) 개씩

2 검정 팔찌는 보배의 것이고, 금색 팔찌는 나래의 것이고, 분홍 팔찌는 새나의 것입니다.
각자 팔찌를 몇 개 가지고 있습니까?

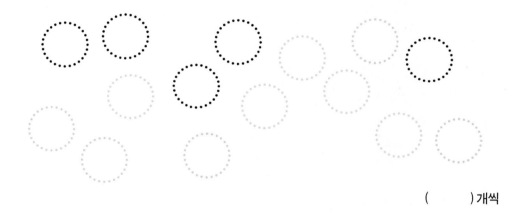

(   ) 개씩

3 금색 반지는 마루의 것이고, 하늘색 반지는 두리의 것입니다. 각자 반지를 몇 개 가지고 있습니까?

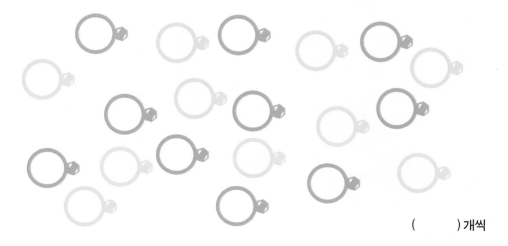

(   ) 개씩

더 알아보기   다음 숫자 그림을 보며 몇 씩 뛰기를 연습해보세요.

1 몇 씩 세기

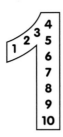   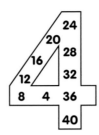

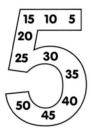  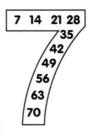 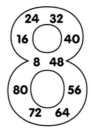 

2 손가락 이용하여 몇 씩 세기

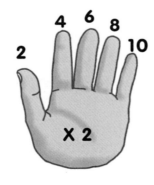 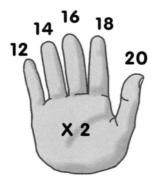

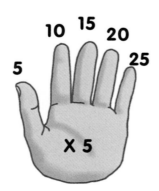 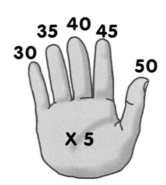

곱셈 감각

이해하기

준비물 : 바둑돌

선생님

> 3명의 학생이 있고, 각각 책을 4권씩 가지고 있습니다.
> 책은 모두 몇 권일까요? 바둑돌로 나타내어 볼까요?

 입니다.

하나

Guide 바둑돌 대신 그림(□, ○ 등)으로 표현 가능합니다.
https://www.mathlearningcenter.org/resources/apps/number-frames을 이용하는 것도 좋은 방법입니다.

함께 하기

선생님이 곱셈 이야기를 불러 주시면, 하나처럼 바둑돌로 나타내어 봅시다.

① 2명의 학생이 있고 각각 책을 7권씩 가지고 있습니다. 책의 권수는 모두 몇일까요?

② 3명의 학생이 있고 각각 사탕을 6개씩 가지고 있습니다. 사탕의 개수는 모두 몇일까요?

③ 필통이 4개 있고 필통마다 색연필이 4개씩 들어 있습니다. 색연필의 개수는 모두 몇일까요?

④ 필통이 5개 있고 필통마다 연필이 3개씩 들어 있습니다. 연필의 개수는 모두 몇일까요?

⑤ 바구니가 6개 있고 바구니마다 사과가 5개씩 들어 있습니다. 사과의 개수는 모두 몇일까요?

⑥ 바구니가 3개 있고 바구니마다 사과가 10개씩 들어 있습니다. 사과의 개수는 모두 몇일까요?

스스로 하기

다양한 곱셈 상황을 바둑돌로 표현해 보세요.

이해하기

준비물 : 바둑돌

선생님

옆의 그림에서 3개씩 2묶음이 되려면 어떻게 해야 하나요?

3개를 추가해서   이렇게 그리면 됩니다.

마루

Guide 바둑돌 대신 그림(□, ○ 등)으로 표현 가능하나, 구체물로 실연해 보는 것이 더 좋습니다.
https://www.mathlearningcenter.org/resources/apps/number-frames을 이용하는 것도 좋은 방법입니다.

함께 하기 ☐ 개씩 ☐ 묶음이 되도록 그림을 더 그려 봅시다.

❶ 4 개씩 4 묶음

❷ 5 개씩 3 묶음

❸ 6 개씩 4 묶음

스스로 하기   ☐ 개씩 ☐ 묶음이 되도록 바둑돌을 추가하거나 그림을 그려 봅시다.

① [3] 개씩 [6] 묶음

② [6] 개씩 [5] 묶음

③ [4] 개씩 [7] 묶음

④ [5] 개씩 [6] 묶음

⑤ [7] 개씩 [4] 묶음

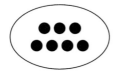

이해하기

준비물 : 곱셈 감각 익히기 PPT(QR코드 활용)

선생님: 아이들이 몇 명씩 몇 줄이 있나요?

하나: 3명씩 2줄 있습니다.

Guide　다양한 곱셈 상황을 '몇 개씩 몇 줄'로 표현해 보도록 합니다. 곱셈 감각 익히기 PPT 자료를 이용해 보세요.

함께 하기　몇 개씩 몇 묶음인지 나타내 봅시다.

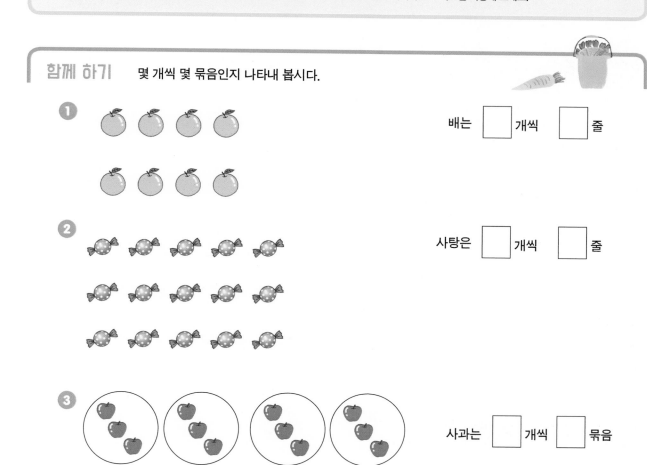

① 배는 ☐ 개씩 ☐ 줄

② 사탕은 ☐ 개씩 ☐ 줄

③ 사과는 ☐ 개씩 ☐ 묶음

스스로 하기　점이 몇 개씩 ☐장이 있는지 말해 보세요.

❶

❷

❸

❹

❺

❻

더 알아보기

이야기를 ☐ 개씩 ☐ 묶음으로 간단하게 표현해 보세요.

〈예시〉
한 접시에 사탕을 6개씩 담았습니다.
사탕이 놓인 접시는 3접시입니다.

$\boxed{6}$ 개씩 $\boxed{3}$ 묶음

① 한 접시에 사탕을 8개씩 담았습니다.
사탕이 놓인 접시는 5접시입니다.

$\boxed{}$ 개씩 $\boxed{}$ 접시

② 3학년 2반은 5명씩 한 모둠입니다.
모둠은 6모둠이 있습니다.

$\boxed{}$ 명씩 $\boxed{}$ 모둠

③ 초콜릿 한 상자에 초콜릿이 8개씩 들어
있습니다. 초콜릿이 든 상자는 6상자입니다.

$\boxed{}$ 개씩 $\boxed{}$ 상자

④ 체험학습을 가는데 학생들이 버스 한 대에 30명씩
타고 출발합니다. 버스는 모두 7대입니다.

$\boxed{}$ 명씩 $\boxed{}$ 대

⑤ 큰 버스는 타이어가 6개씩 달려있습니다.
버스가 모두 10대입니다.

$\boxed{}$ 개씩 $\boxed{}$ 대

⑥ 바나나가 한 송이에 7개씩 달려있습니다.
바나나는 모두 8송이가 있습니다.

$\boxed{}$ 개씩 $\boxed{}$ 송이

이해하기

 선생님

옆의 그림을 곱셈 식으로
어떻게 나타낼 수 있을까요?

4개씩 5묶음

4×5입니다.

 하나

 옆의 그림을 곱셈 식으로
어떻게 나타낼 수 있을까요?

2개씩 3줄

2×3입니다.

 옆의 그림을 곱셈 식으로
어떻게 나타낼 수 있을까요?

3개씩 4줄

3×4입니다.

 옆의 그림을 곱셈 식으로
어떻게 나타낼 수 있을까요?

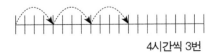

4시간씩 3번

4×3입니다.

 Guide 각각을 5×4, 3×2, 4×3으로 표현할 수 있지만, 혼란을 막기 위하여 한 가지 방법으로 통일하여 연습할 수 있도록 지도해 주세요.

함께 하기 선생님이 몇 개씩 몇 묶음을 말하면 곱셈 식으로 바꿔 봅시다.

1 귤 5개씩 4봉지

☐ × ☐

2 배추 3포기씩 6묶음

☐ × ☐

3 시간당 200원씩 4시간

☐ × ☐

4 하루에 3시간씩 10일간 공부

☐ × ☐

5 시간당 10미터씩 4시간을 걸어감

☐ × ☐

6 1개당 500원인 우유 5팩

☐ × ☐

7 입장료가 한 명당 400원이고 10명 입장

☐ × ☐

8 한 모둠에 4명씩 9모둠

☐ × ☐

9 버스 한 대에 15명씩 버스 6대

☐ × ☐

10 책을 매일 2권씩 7일간 읽음

☐ × ☐

11 바퀴가 4개 달린 자동차가 7대

☐ × ☐

12 다리가 6개인 곤충 8마리

☐ × ☐

13 손가락 10개인 사람 8명의 손가락

☐ × ☐

14 다리가 10개인 오징어 3마리

☐ × ☐

15 4+4+4+4+4+4+4

☐ × ☐

16 5+5+5+5

☐ × ☐

17 7+7+7+7+7

☐ × ☐

18 9+9+9

☐ × ☐

19 3+3+3+3+3+3+3+3+3

☐ × ☐

1

☐ × ☐

2

☐ × ☐

3

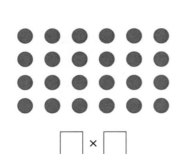

☐ × ☐

4

☐ × ☐

5

☐ × ☐

6

☐ × ☐

7

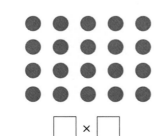

☐ × ☐

8

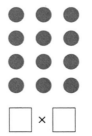

☐ × ☐

스스로 하기   점이 몇 개씩 몇 줄인지 말하고, 곱셈 식으로 표현해 보세요.

1

□ × □

2

□ × □

3

□ × □

4

□ × □

5

□ × □

6

□ × □

7

□ × □

8

□ × □

이해하기

준비물 : 바둑알(선택)

선생님

그림으로 5개씩 3줄(5×3)을 점카드로
어떻게 나타낼 수 있을까요?

이렇게 했습니다.

나래

Guide 이것도 가능합니다. 다만, 혼란을 줄이기 위해 한 가지 방법으로 지도해 주세요.

함께 하기

  나래가 푼 것처럼 곱셈 식을 옆의 빈칸에 그림으로 표현해 봅시다. (바둑알 이용 가능)

❶ **3×4**

❷ **4×6**

❸ **6×5**

❹ **2×10**

❺ **5×7**

❻ **4×8**

❼ **5×9**

❽ **7×8**

스스로 하기

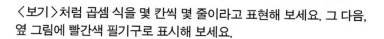〈보기〉처럼 곱셈 식을 몇 칸씩 몇 줄이라고 표현해 보세요. 그 다음, 옆 그림에 빨간색 필기구로 표시해 보세요.

〈보기〉
3×2 | 3 | 칸씩 | 2 | 줄

① **2×4** | | 칸씩 | | 줄

② **4×4** | | 칸씩 | | 줄

③ **6×4** | | 칸씩 | | 줄

④ **3×5** | | 칸씩 | | 줄

⑤ **5×5** | | 칸씩 | | 줄

더 알아보기

〈보기〉처럼 도넛판에 옆의 곱셈식을 빗금 쳐서 나타내 보세요.

〈보기〉 **5 × 4**

	1	2	3	4	5	6	7	8	9	10
1										
2										
3										
4										
5										
6										
7										
8										
9										
10										

3 × 4
4 × 3
5 × 3
5 × 5
6 × 9
7 × 9
7 × 4
8 × 4
9 × 4

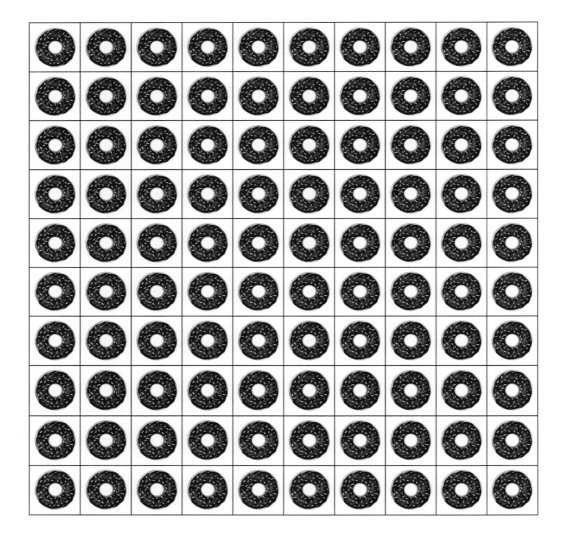

이해하기

선생님

곱셈 식 5×3을 표현할 수 있는 이야기를 만들어 볼까요?
단, '배'와 '봉지'라는 단어가 꼭 들어가게 해 보세요.

 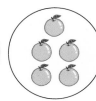 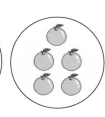

배가 한 봉지에 5개씩 모두
3봉지면 모두 몇 개일까요?
이렇게 만들 수 있어요.

두리

Guide　단위를 낯설어 할 수 있기 때문에 〈함께 하기〉를 통해 충분히 연습할 수 있도록 지도해주세요.

함께 하기

선생님이 보여주시는 곱셈 식을 두리가 푼 것처럼 이야기로 만들어 봅시다.
단, 제시한 단어가 이야기가 들어가야 합니다.

1 5×2
　　사과, 봉지

2 3×9
　　칸, 줄

3 6×3
　　콜라, 팩

4 10×5
　　시간당, 미터

5 5×7
　　학생, 모둠

6 4×600
　　시간당, 원

7 5×8
　　필통, 연필

8 7×500
　　개당, 원

9 7×500
　　개당, 원

10 4×800
　　명당, 원

스스로 하기

곱셈 식을 가지고 나만의 곱셈 이야기를 만들어 보세요.

B단계   7. 곱셈 문장제 → 곱셈 식

이해하기   1) 묶음그림을 이용하여 곱셈 이야기 표현하기

보배는 봉지에서 사탕을 3개씩 6번 꺼냈습니다. 꺼낸 사탕의 개수는 모두 몇입니까?

 선생님

곱셈 이야기를 곱셈 식으로 어떻게 바꿀 수 있나요?

저는 그림이랑 묶음으로 해봤어요. 이야기를 그림으로 하면

| 3 | 3 | 3 | 3 | 3 | 3 |

3개씩 6묶음이니까 3×6이에요.

 보배

함께 하기   곱셈 이야기를 그림, 몇 개씩 몇 묶음, 곱셈 식으로 바꾸어 표현해 봅시다.

1   3명의 학생이 있고 각각 책을 4권씩 가지고 있습니다. 책의 권수를 곱셈 식으로 어떻게 바꿀 수 있나요?

| 4 | | | □ 권씩 □ 명   □ × □

2   2명의 학생이 있고 각각 책을 7권씩 가지고 있습니다. 책의 권수를 곱셈 식으로 어떻게 바꿀 수 있나요?

| 7 | | □ 권씩 □ 명   □ × □

3   필통이 5개 있고 필통마다 연필이 3자루씩 들어 있습니다. 연필의 개수를 곱셈 식으로 어떻게 바꿀 수 있나요?

| 3 | | | | | □ 자루씩 □ 개   □ × □

스스로 하기   곱셈 이야기를 그림, 몇 개씩 몇 묶음, 곱셈 식으로 바꾸어 표현해 보세요.

1   바구니가 6개 있고 바구니마다 사과가 5개씩 들어 있습니다. 사과의 개수는 모두 몇일까요?

2   바구니가 3개 있고 바구니마다 사과가 10개씩 들어 있습니다. 사과의 개수는 모두 몇일까요?

3   접시가 4개 있고 접시마다 쿠키가 6개씩 놓여 있습니다. 쿠키의 개수는 모두 몇일까요?

토리가 하루에 4시간씩 공부한다면 3일 동안 모두 몇 시간 공부하는 것입니까?

선생님

곱셈 이야기를 곱셈 식으로 어떻게 바꿀 수 있나요?

① ② ③ 번

```
0  1  2  3  4  5  6  7  8  9  10  11  12  13  14  15  16  17  18  19  20
```

저는 수직선으로 나타내 봤어요.
그럼 4시간씩 3일이니까 4×3이라고 할 수 있어요.

토리

함께 하기 토리가 푼 것처럼 곱셈 이야기를 수직선을 이용하여 식으로 바꾸어 봅시다.

❶ 두리가 하루에 3시간씩 공부한다면 3일 동안 공부한 시간은 모두 몇입니까?

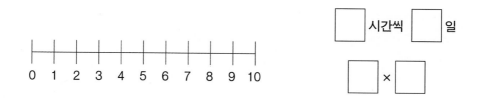

☐ 시간씩 ☐ 일

☐ × ☐

❷ 보배가 하루에 2시간씩 공부한다면 4일 동안 공부한 시간은 모두 몇입니까?

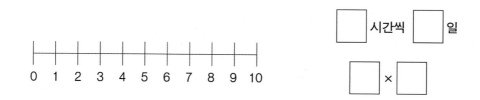

☐ 시간씩 ☐ 일

☐ × ☐

1　토리는 하루에 수학 문제집을 4페이지씩 풀었습니다. 5일 동안 수학 문제집을 몇 페이지 풀었습니까?

식:

2　문방구에서는 사탕을 하나에 100원에 팔고 있습니다. 하람이가 사탕 5개를 사고 싶다면 얼마를 내야 할까요?

식:

3　새나는 시간당 4킬로미터씩 걸을 수 있습니다. 새나가 3시간을 걸었다면 모두 얼마나 많이 걸었나요?

식:

4　오늘 가는 박물관은 입장료가 어린이 한 명당 500원입니다. 6명이 입장하면 모두 얼마를 내야 합니까?

식:

5　하람이는 하루에 줄넘기를 50번씩 합니다. 일주일 동안 매일 했다면 모두 몇 번을 했나요?

식:

새나는 검정색과 흰색의 축구화가 있고, 축구복은 빨강과 파랑, 녹색이 있다고 합니다.
축구하러 나갈 때 입을 수 있는 옷과 신발의 조합은 몇 가지인가요?

선생님

곱셈 이야기를 곱셈 식으로 어떻게 바꿀 수 있나요?

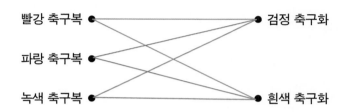

빨강 축구복 ●   ● 검정 축구화

파랑 축구복 ●

녹색 축구복 ●   ● 흰색 축구화

저는 선을 이으며 따져 봤어요. 신발이 2가지
씩 3벌이니까 2×3이라고 할 수 있어요.

새나

함께 하기   새나가 푼 것처럼 곱셈 이야기를 곱셈 식으로 바꾸어 봅시다.

① 동전 하나와 주사위를 동시에 던질 때 나올 수 있는 경우의 수는 몇 가지입니까?

(앞) ●

(뒤) ●

$\boxed{} \times \boxed{}$

② 새나는 바지 3개와 티셔츠 3개가 있습니다. 바지 하나에 셔츠 하나를 입는다고 할 때 새나가 입을 수 있는
바지와 셔츠의 조합은 몇 가지입니까?

바지1 ●   ● 셔츠1

바지2 ●   ● 셔츠2

바지3 ●   ● 셔츠3

$\boxed{} \times \boxed{}$

1 토리는 운동화가 3켤레가 있고 끈은 2가지 종류가 있습니다. 토리가 신을 수 있는 운동화의 조합은
모두 몇 가지입니까?

운동화1 ●

● 끈1

운동화2 ●

● 끈2

운동화3 ●

2 새나는 간식으로 빵, 과자, 사탕, 젤리, 껌을 먹고, 마실 것으로는 포도쥬스나 사과쥬스를 마십니다. 간식으
로 먹을 수 있는 조합은 모두 몇 가지입니까?

빵 ●

과자 ●   ● 포도쥬스

사탕 ●

젤리 ●   ● 사과쥬스

껌 ●

3 아이스크림 가게에는 6가지 맛의 아이스크림이 있고 3가지 크기의 컵에 담아서 팝니다. 사 먹을 수 있는
아이스크림의 종류는 모두 몇 가지입니까?

맛1 ●

맛2 ●   ● 컵1

맛3 ●   ● 컵2

맛4 ●   ● 컵3

맛5 ●

맛6 ●

보배는 두리보다 구슬을 3배 많이 가지고 있습니다. 두리가 구슬을 2개 가지고 있다면 보배는 구슬을 몇 개 가지고 있을까요?

선생님

곱셈 이야기를 곱셈 식으로 어떻게 바꿀 수 있나요?

두리　　　　　보배

보배의 구슬은 두리가 가진 구슬 2개의 3배예요. 3×2=6이라고 할 수 있어요.

하람

함께 하기 하람이가 푼 것처럼 곱셈 이야기를 그림으로 나타내고, 곱셈 식으로 바꾸어 봅시다.

1 나래는 하람이보다 구슬을 4배 많이 가지고 있습니다. 하람이가 구슬을 3개 가지고 있다면 나래는 구슬을 몇 개 가지고 있을까요?

 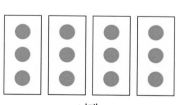

하람　　　　　　나래

나래가 가진 구슬은 하람이 가진

□ 개의 □ 배

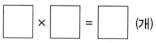
□ × □ = □ (개)

2 두리는 마루보다 구슬을 5배 많이 가지고 있습니다. 마루가 구슬을 4개 가지고 있다면 두리는 구슬을 몇 개 가지고 있을까요?

 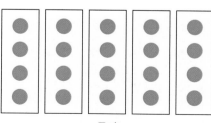

마루　　　　　　두리

두리가 가진 구슬은 마루가 가진

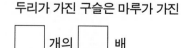
□ 개의 □ 배

□ × □ = □ (개)

스스로 하기

하람이처럼 곱셈 이야기를 그림으로 나타내고, 곱셈 식으로 바꾸어 보세요.

1 하람이는 사탕 6개를 가지고 있습니다. 보배는 하람이보다 사탕을 4배 더 많이 가지고 있습니다. 보배가 가진 사탕의 수는 몇 개인가요?

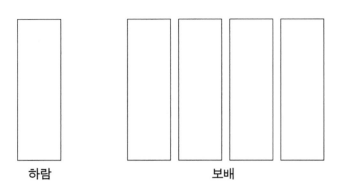

하람　　　보배

보배가 가진 구슬은 하람이 가진

☐ 개의 ☐ 배

☐ × ☐ = ☐ (개)

2 새나는 지난달보다 이 달에 5배 더 많이 저축했습니다. 지난달에 1000원을 저금했다면 이번 달에는 저금한 돈은 얼마일까요?

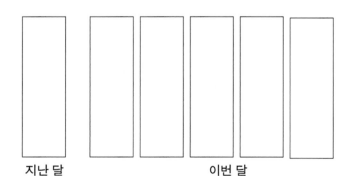

지난 달　　　이번 달

☐ 원의 ☐ 배

☐ × ☐ = ☐

3 토리는 지난달보다 이 달에 운동을 4배 더 많이 했습니다. 지난달에 30시간을 운동했다면 이번 달에 운동한 시간은 모두 얼마나 될까요?

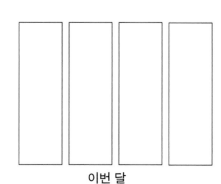

지난 달　　　이번 달

☐ 시간의 ☐ 배

☐ × ☐ = ☐

이해하기

준비물 : 100점판(부록번호 418), 가리개2개, 4-B-8 PPT(QR코드)

(가리개로 5×3 점배열을 만든 뒤 잠깐 보여주고) 몇 개씩 몇 줄을 보았나요?

선생님

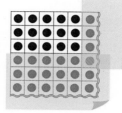

5개씩 3줄이요.

마루

그렇다면 점의 개수는 모두 몇입니까?

5×3=15입니다.

Guide 100점카드를 가리개 2개를 이용하여 가려가며 지도합니다. QR코드를 이용하시면 PPT를 이용하실 수 있습니다.

(3×5 점배열을 만든 뒤 잠깐 보여주며) 몇 개씩 몇 줄을 보았나요?

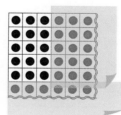

3개씩 5줄이요.

5개씩 3줄과 값이 같나요, 다른가요?

3개씩 5줄과 5개씩 3줄은 모두 15로 같습니다.

함께 하기

100점판(부록번호 418)으로 다른 점배열을 표현해 봅시다.

〈예시〉   3×2   2×3   =   6

❶   4×2   ☐ × ☐   =   8

❷   ☐ × ☐   ☐ × ☐   =   ☐

❸   ☐ × ☐   ☐ × ☐   =   ☐

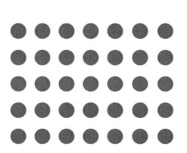

④   □ × □   □ × □   =   □

⑤   □ × □   □ × □   =   □

⑥   □ × □   □ × □   =   □

이해하기 1) 점배열 그림으로 배분법칙 이해하기

선생님

몇 개씩 몇 줄을 보았나요?

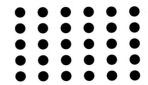

6개씩 5줄이요.

하나

빨간점은 몇 개씩 몇 줄인가요?

6개씩 3줄이요.

초록점은 몇 개씩 몇 줄인가요?

6개씩 2줄이요.

점은 모두 몇 개인가요?
어떠한 규칙을 알게 되었나요?

모두 6개씩 5줄이라서 30개예요.
6개씩 3줄, 6개씩 2줄을 합하면
6개씩 5줄과 같아요.

식으로 나타내 볼까요?

6×5=(6×2)+(6×3)입니다.

Guide 각각을 5×4, 3×2, 4×3으로 표현할 수 있지만, 혼란을 막기 위하여 한 가지 방법으로 통일하여 연습할 수 있도록 지도해 주세요.

☐ 개씩 ☐ 줄

☐ × ☐ 　=　(☐ × ☐)　+　(☐ × ☐)

☐ 개씩 ☐ 줄

☐ × ☐ 　=　(☐ × ☐)　+　(☐ × ☐)

☐ 개씩 ☐ 줄

☐ × ☐ 　=　(☐ × ☐)　+　(☐ × ☐)

스스로 하기   점배열 그림을 보고 곱셈 식으로 바꾸어 보세요.

1

$$\boxed{} \times \boxed{} = \left(\boxed{} \times \boxed{} \right) + \left(\boxed{} \times \boxed{} \right)$$

2

$$\boxed{} \times \boxed{} = \left(\boxed{} \times \boxed{} \right) + \left(\boxed{} \times \boxed{} \right)$$

3

$$\boxed{} \times \boxed{} = \left(\boxed{} \times \boxed{} \right) + \left(\boxed{} \times \boxed{} \right)$$

4

$$\boxed{} \times \boxed{} = \left(\boxed{} \times \boxed{} \right) + \left(\boxed{} \times \boxed{} \right)$$

함께 하기   점배열상자를 2~3초 정도 잠깐만 보여 주고 가린 후, 색깔에 상관없이
모두 몇 개씩 몇 상자인지 곱셈 식으로 나타내 봅시다. (가리개나 PPT를 활용하세요.)

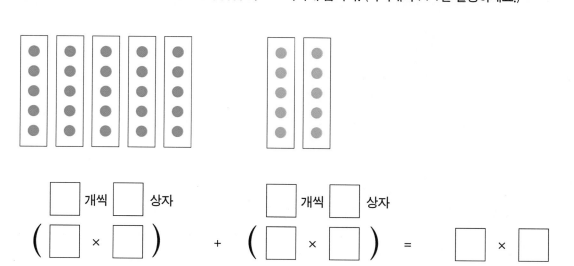

$\square$ 개씩 $\square$ 상자 $\square$ 개씩 $\square$ 상자

$\left(\ \square\ \times\ \square\ \right)\ +\ \left(\ \square\ \times\ \square\ \right)\ =\ \square\ \times\ \square$

점배열 그림을 곱셈 식으로 각각 나타낸 뒤 색에 상관없이 모두 합쳐 몇 개씩 몇 줄인지 곱셈 식으로 바꾸어 보세요.

1

(☐ × ☐) + (☐ × ☐) = ☐ × ☐

2

(☐ × ☐) + (☐ × ☐) = ☐ × ☐

3

(☐ × ☐) + (☐ × ☐) = ☐ × ☐

이해하기

준비물 : 색연필, 100숫자판(부록번호 415)

1	2	3	4	5	6	⑦	8	9	10
11	12	13	14	15	16	17	18	19	20
㉑	22	23	24	25	26	27	28	29	30
31	32	33	34	35	36	37	38	39	40
41	42	43	44	45	46	47	48	49	50
51	52	53	54	55	56	57	58	59	60
61	62	63	64	65	66	67	68	69	70
71	72	73	74	75	76	77	78	79	80
81	82	83	84	85	86	87	88	89	90
91	92	93	94	95	96	97	98	99	100

선생님

7에 동그라미 해 보세요. 7에 3을 곱하면 얼마입니까?
다른 색깔로 동그라미 해 보세요.

21입니다.

하나

거기에 또 2를 곱해 보세요. 얼마가 되었습니까?

42입니다.

이번에는 7×2는 얼마인지 네모로 표시해 보세요.

14입니다.

거기에 또 3을 곱해 보세요. 얼마가 되었습니까?

42입니다.

7에 2를 곱한 다음 3을 곱한 것이나 7에 3을 곱한
다음 2를 곱한 것이나 똑같습니까?

42로 똑같습니다.

함께 하기　선생님이 불러주는 만큼 100숫자판에 곱셈의 답을 표시해 보고 값을 비교해 봅시다.

1	2	3	4	5	6	7	8	9	10
11	12	13	14	15	16	17	18	19	20
21	22	23	24	25	26	27	28	29	30
31	32	33	34	35	36	37	38	39	40
41	42	43	44	45	46	47	48	49	50
51	52	53	54	55	56	57	58	59	60
61	62	63	64	65	66	67	68	69	70
71	72	73	74	75	76	77	78	79	80
81	82	83	84	85	86	87	88	89	90
91	92	93	94	95	96	97	98	99	100

1　 11씩 2번 뛴 수에 ○표 해 보세요. 그 수만큼 4번 뛰어 보고 ○ 표시해 보세요.

 (22에 ○ 표시를 하고, 22씩 4번 뛰어 88에 표시한다.)

 11씩 4번 뛴 수에 다른 색으로 ○ 표시해 보세요. 그 수만큼 2번 뛰어 센 수에 표시해 보세요.

 (44에 ○ 표시를 하고, 44씩 2번 뛰어 88에 표시한다.)

 둘 다 모두 88로 같네요.

2　15에 6을 곱해 보세요. 15에 6을 곱한 것과 15에 2를 곱한 다음 3을 곱한 것과 같다고 할 수 있습니까?

3　8에 8을 곱해 보세요. 얼마가 됩니까? 동그라미해 보세요.
　　8에 4를 곱하고 2를 곱한 것과 8에 8을 곱한 것을 비교해 보세요.

C단계

작은 곱셈

전략 소개

선생님

4×6을 어떻게 계산했는지 친구들에게 소개해 봅시다.

1 같은 수 연속 더하기

$$4+4+4+4+4+4$$
$$= 8+8+8$$
$$= 24$$

4 곱하기 6은 4개씩 6묶음이 있다는 뜻도 되니까 4 더하기 4 더하기 4 더하기 4 더하기 4 더하기 4 더하기를 하면 되고, 8 더하기 8 더하기 8이 되니까 24!

보배

2 뛰어 세기

두리

난 뛰어 세는 게 좋아. 4 곱하기 6은 4개씩 6묶음이 있다는 뜻이니까 4부터 4씩 건너뛰면서 세면 4, 8, 12, 16, 20, 24 답은 24!

1	2	3	④	5	6	7	⑧	9	10
11	⑫	13	14	15	⑯	17	18	19	⑳
21	22	23	㉔	25	26	27	28	29	30
31	32	33	34	35	36	37	38	39	40
41	42	43	44	45	46	47	48	49	50
51	52	53	54	55	56	57	58	59	60
61	62	63	64	65	66	67	68	69	70
71	72	73	74	75	76	77	78	79	80
81	82	83	84	85	86	87	88	89	90
91	92	93	94	95	96	97	98	99	100

3 갈라서 곱하기

$$4×6=(4×5)+(4×1)$$
$$=20+4=24$$

4 곱하기 6을 하려고 하니
4 곱하기 5가 20라는 것이 떠올랐어.
4 곱하기 6은 4 곱하기 5에다
4 곱하기 1을 더한 것이니까 20
더하기 4는 24 답은 24!

새나

4 추론 전략

토리

4 곱하기 6을 하려고 하니 4 곱하기
3이 12라는 것이 떠올랐어. 4 곱하기
6은 4 곱하기 3을 두 배한 것이니까
12 곱하기 2는 24, 답은 24야.

$$4×6$$
$$=(4×3)×2$$
$$=12×2=24$$

선생님

각각의 전략에 대한 자신의 의견을 이야기해 봅시다.

보배야! 난 너의 전략이 9 곱하기 9처럼 더해야 할 게 많으면 시간이 너무 많이 걸릴 것 같아.

두리

보배

그렇게 생각하는구나. 두리야, 그런데 나는 너처럼 4씩 건너 뛰며 세는 게 재빨리 생각나지 않을 때가 많아. 외우는 게 힘들거든.

건너 뛰며 세는 것은 머릿속으로 더하는 것과 같으니 너의 생각과 내 생각이 비슷한 건 아닐까?

새나야. 난 4 곱하기 5에 4 곱하기 1 더한 것이 4 곱하기 6과 같다고 하는게 이해가 잘 안 돼.

하람

나도 선생님과 'B단계-배분 법칙'을 공부할 때 알게 되었어. 다시 공부해 보자!

새나

토리

그런데, 새나야. 4 곱하기 5는 알면서 4 곱하기 6을 모르는 친구는 없지 않을까?

가끔 구구단이 생각 안 날 때 쓸모가 있어.

새나 방법은 나중에 큰 수의 곱셈에서도 많이 사용하는 방법이란다.

토리야, 난 4 곱하기 6이 4 곱하기 3의 두 배라는 게 잘 이해가 안 가.

앞으로 선생님과 함께 공부하면서 전략에 대한 궁금증을 하나씩 풀어 보도록 해요.

2. 작은 곱셈 전략 : 같은 수 연속 더하기

이해하기

선생님

8×4는 얼마입니까? 어떻게 알았나요?

$$8 + 8 + 8 + 8$$
$$16 + 16$$
$$32$$

저는 8을 4번 더했어요. 32예요.

보배

Guide 덧셈 같은 수를 더해 나가면서 덧셈 전략 때 학습한 곱절 지식을 이용할 수 있도록 지도해주세요.

함께 하기
보배처럼 같은 수끼리 더해 곱셈 식을 풀어 봅시다.

❶ 9 × 4

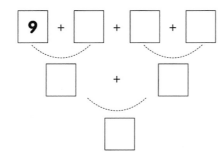

❷ 4 × 5

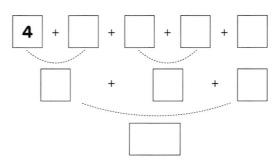

❸ 7 × 8

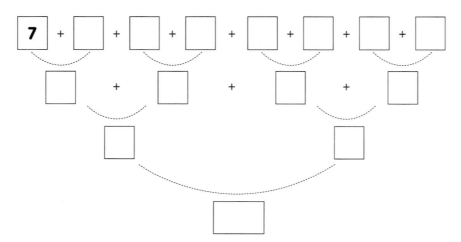

스스로 하기   같은 수 연속 더하기 전략을 사용해 아래 곱셈을 풀어 보세요.

1 **9 × 6**

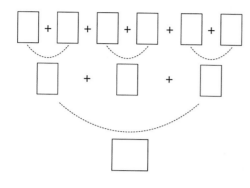

2 **5 × 9**

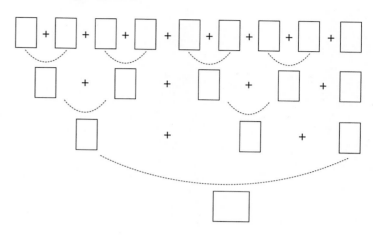

3 **7 × 7**

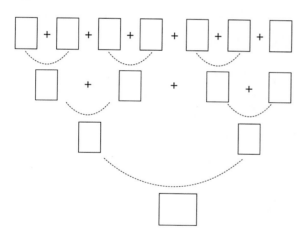

4 **3 × 8**

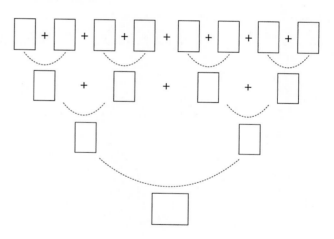

5 **4 × 6**

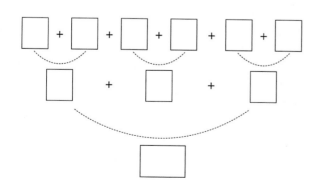

6 **6 × 5**

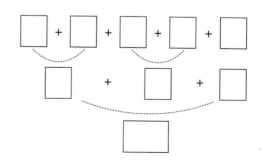

3. 작은 곱셈 전략 : 뛰어 세기

이해하기

선생님

5×8은 얼마입니까?
어떻게 알았나요?

1	2	3	4	⑤	6	7	8	9	⑩
11	12	13	14	⑮	16	17	18	19	⑳
21	22	23	24	㉕	26	27	28	29	㉚
31	32	33	34	㉟	36	37	38	39	㊵
41	42	43	44	45	46	47	48	49	50
51	52	53	54	55	56	57	58	59	60
61	62	63	64	65	66	67	68	69	70
71	72	73	74	75	76	77	78	79	80
81	82	83	84	85	86	87	88	89	90
91	92	93	94	95	96	97	98	99	100

5부터 시작해서
뛰어 세기를 했어요.

두리

Guide 100숫자판을 이용하여 일의 자릿수의 패턴을 인식하면서 뛰어 세기를 할 수 있도록 지도해 주시면 됩니다.

함께 하기   두리처럼 풀면서 뛰어 세기한 수를 모두 100숫자판에 표시해 봅시다.

① 9×4

1	2	3	4	5	6	7	8	⑨	10
11	12	13	14	15	16	17	18	19	20
21	22	23	24	25	26	27	28	29	30
31	32	33	34	35	36	37	38	39	40
41	42	43	44	45	46	47	48	49	50
51	52	53	54	55	56	57	58	59	60
61	62	63	64	65	66	67	68	69	70
71	72	73	74	75	76	77	78	79	80
81	82	83	84	85	86	87	88	89	90
91	92	93	94	95	96	97	98	99	100

② 4×8

1	2	3	④	5	6	7	8	9	10
11	12	13	14	15	16	17	18	19	20
21	22	23	24	25	26	27	28	29	30
31	32	33	34	35	36	37	38	39	40
41	42	43	44	45	46	47	48	49	50
51	52	53	54	55	56	57	58	59	60
61	62	63	64	65	66	67	68	69	70
71	72	73	74	75	76	77	78	79	80
81	82	83	84	85	86	87	88	89	90
91	92	93	94	95	96	97	98	99	100

③ 6×7

1	2	3	4	5	⑥	7	8	9	10
11	12	13	14	15	16	17	18	19	20
21	22	23	24	25	26	27	28	29	30
31	32	33	34	35	36	37	38	39	40
41	42	43	44	45	46	47	48	49	50
51	52	53	54	55	56	57	58	59	60
61	62	63	64	65	66	67	68	69	70
71	72	73	74	75	76	77	78	79	80
81	82	83	84	85	86	87	88	89	90
91	92	93	94	95	96	97	98	99	100

④ 7×7

1	2	3	4	5	6	⑦	8	9	10
11	12	13	14	15	16	17	18	19	20
21	22	23	24	25	26	27	28	29	30
31	32	33	34	35	36	37	38	39	40
41	42	43	44	45	46	47	48	49	50
51	52	53	54	55	56	57	58	59	60
61	62	63	64	65	66	67	68	69	70
71	72	73	74	75	76	77	78	79	80
81	82	83	84	85	86	87	88	89	90
91	92	93	94	95	96	97	98	99	100

스스로 하기   뛰어 세기 전략을 사용해 아래 곱셈을 풀어 보세요.

1 **9×9**

1	2	3	4	5	6	7	8	9	10
11	12	13	14	15	16	17	18	19	20
21	22	23	24	25	26	27	28	29	30
31	32	33	34	35	36	37	38	39	40
41	42	43	44	45	46	47	48	49	50
51	52	53	54	55	56	57	58	59	60
61	62	63	64	65	66	67	68	69	70
71	72	73	74	75	76	77	78	79	80
81	82	83	84	85	86	87	88	89	90
91	92	93	94	95	96	97	98	99	100

2 **8×8**

1	2	3	4	5	6	7	8	9	10
11	12	13	14	15	16	17	18	19	20
21	22	23	24	25	26	27	28	29	30
31	32	33	34	35	36	37	38	39	40
41	42	43	44	45	46	47	48	49	50
51	52	53	54	55	56	57	58	59	60
61	62	63	64	65	66	67	68	69	70
71	72	73	74	75	76	77	78	79	80
81	82	83	84	85	86	87	88	89	90
91	92	93	94	95	96	97	98	99	100

3 **7×9**

1	2	3	4	5	6	7	8	9	10
11	12	13	14	15	16	17	18	19	20
21	22	23	24	25	26	27	28	29	30
31	32	33	34	35	36	37	38	39	40
41	42	43	44	45	46	47	48	49	50
51	52	53	54	55	56	57	58	59	60
61	62	63	64	65	66	67	68	69	70
71	72	73	74	75	76	77	78	79	80
81	82	83	84	85	86	87	88	89	90
91	92	93	94	95	96	97	98	99	100

4 **6×5**

1	2	3	4	5	6	7	8	9	10
11	12	13	14	15	16	17	18	19	20
21	22	23	24	25	26	27	28	29	30
31	32	33	34	35	36	37	38	39	40
41	42	43	44	45	46	47	48	49	50
51	52	53	54	55	56	57	58	59	60
61	62	63	64	65	66	67	68	69	70
71	72	73	74	75	76	77	78	79	80
81	82	83	84	85	86	87	88	89	90
91	92	93	94	95	96	97	98	99	100

5 **3×9**

1	2	3	4	5	6	7	8	9	10
11	12	13	14	15	16	17	18	19	20
21	22	23	24	25	26	27	28	29	30
31	32	33	34	35	36	37	38	39	40
41	42	43	44	45	46	47	48	49	50
51	52	53	54	55	56	57	58	59	60
61	62	63	64	65	66	67	68	69	70
71	72	73	74	75	76	77	78	79	80
81	82	83	84	85	86	87	88	89	90
91	92	93	94	95	96	97	98	99	100

6 **8×9**

1	2	3	4	5	6	7	8	9	10
11	12	13	14	15	16	17	18	19	20
21	22	23	24	25	26	27	28	29	30
31	32	33	34	35	36	37	38	39	40
41	42	43	44	45	46	47	48	49	50
51	52	53	54	55	56	57	58	59	60
61	62	63	64	65	66	67	68	69	70
71	72	73	74	75	76	77	78	79	80
81	82	83	84	85	86	87	88	89	90
91	92	93	94	95	96	97	98	99	100

4. 작은 곱셈 전략 : 갈라서 곱하기

이해하기

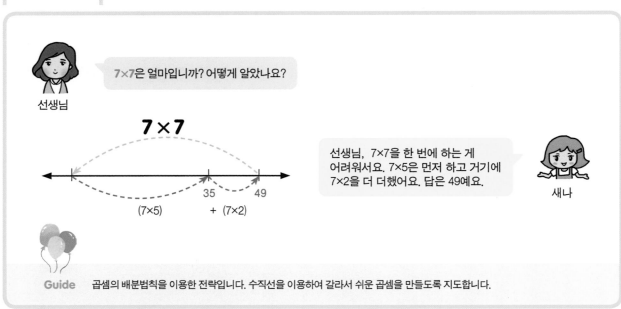

선생님

7×7은 얼마입니까? 어떻게 알았나요?

7×7

35   49

(7×5)   +   (7×2)

선생님, 7×7을 한 번에 하는 게 어려워서요. 7×5은 먼저 하고 거기에 7×2을 더 더했어요. 답은 49예요.

새나

Guide 곱셈의 배분법칙을 이용한 전략입니다. 수직선을 이용하여 갈라서 쉬운 곱셈을 만들도록 지도합니다.

함께 하기

새나처럼 곱셈을 갈라서 쉬운 곱셈의 합으로 바꾸어 풀어 봅시다.

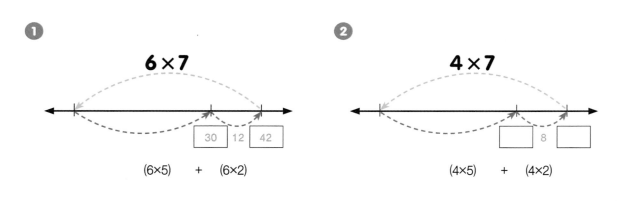

❶

6×7

30 12 42

(6×5)   +   (6×2)

❷

4×7

8

(4×5)   +   (4×2)

❸

8×7

16

(8×5)   +   (8×2)

❹

9×7

18

(9×5)   +   (9×2)

①

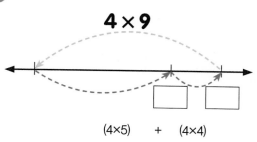

4 × 9

(4×5)   +   (4×4)

②

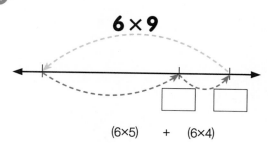

6 × 9

(6×5)   +   (6×4)

③

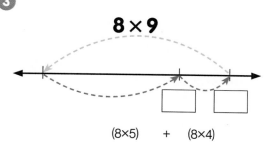

8 × 9

(8×5)   +   (8×4)

④

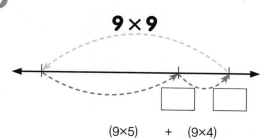

9 × 9

(9×5)   +   (9×4)

⑤

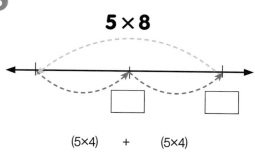

5 × 8

(5×4)   +   (5×4)

⑥

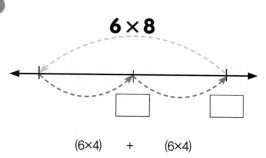

6 × 8

(6×4)   +   (6×4)

⑦

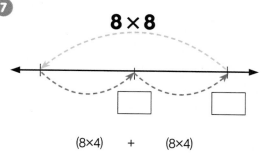

8 × 8

(8×4)   +   (8×4)

⑧

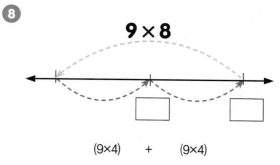

9 × 8

(9×4)   +   (9×4)

이해하기

선생님

9×2는 얼마입니까? 어떻게 알았나요?

저는 9에다 9를 한 번 더하는 방법으로 풀었어요. 9+9=18이에요.

토리

같은 방법으로 8×2는 어떻게 풀까요?

8에다 8을 더하면 16이요.

9×3은 얼마입니까? 어떻게 알았나요?

 9 ⟩ 18
9
+9

9+9를 하고 9를 또 더하면 돼요. 9+9=18이니까 또 9를 더하면 27이에요.

같은 방법으로 8×3은 어떻게 풀까요?

8+8을 하고 거기다 8을 또 더하면 되요. 8+8=16 이니까 또 8을 더하면 24요.

9×4는 얼마입니까? 어떻게 알았나요?

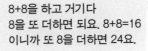 9 ⟩ 18
9
9 ⟩ 18
9

9X2를 두 배한 것과 같으니까 18의 두 배하면 36이에요.

Guide 덧셈에서 이미 아는 덧셈 구구로부터 추론했던 것처럼, 아는 구구로부터 곱셈을 추론해 내는 전략입니다.

1 '곱하기 4'는 두 배한 것을 또 두 배하면 됩니다. 곱셈을 풀어 봅시다.

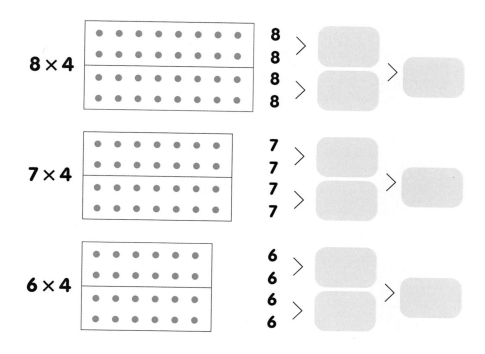

2 '곱하기 5'는 그 수를 10배한 다음 반으로 나누면 됩니다. 곱셈을 풀어 봅시다.

9×5　9　$\xrightarrow[\text{(뒤에 0 붙이기)}]{\times 10배}$　90　$\xrightarrow[\text{반으로 나누기}]{}$　45

8×5　　$\xrightarrow[\text{(뒤에 0 붙이기)}]{\times 10배}$　　$\xrightarrow[\text{반으로 나누기}]{}$

7×5　　$\xrightarrow[\text{(뒤에 0 붙이기)}]{\times 10배}$　　$\xrightarrow[\text{반으로 나누기}]{}$

6×5　　$\xrightarrow[\text{(뒤에 0 붙이기)}]{\times 10배}$　　$\xrightarrow[\text{반으로 나누기}]{}$

3 '곱하기 6'은 세 배한 것을 또 두 배하면 됩니다. 곱셈을 풀어 봅시다.

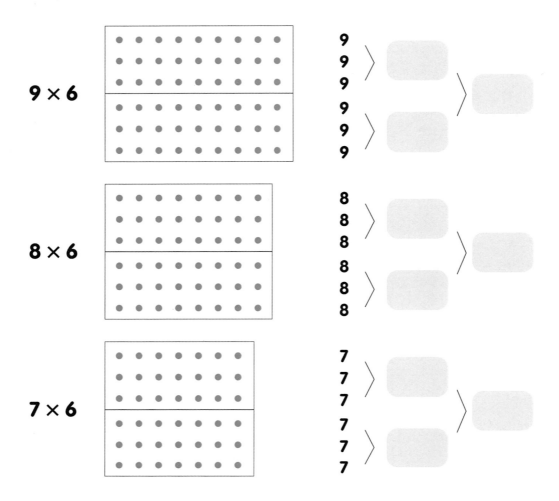

4 '곱하기 7'은 '곱하기 5'한 것 과 '곱하기 2'한 것을 더하면 됩니다. 곱셈을 풀어 봅시다.

		×5배		+ (9x2)	
9 × 7	9	10배하고 반	45	(9+9)	63
8 × 7		×5배		+ (8x2)	
		10배하고 반		(8+8)	
7 × 7		×5배		+ (7x2)	
		10배하고 반		(7+7)	
6 × 7		×5배		+ (6x2)	
		10배하고 반		(6+6)	

5 '곱하기 8'은 네 배한 것을 또 두 배하면 됩니다. 곱셈을 풀어 봅시다.

		×4배 2배하고 2배				
9 × 8	9	→	36	→ 2배	72	
8 × 8		×4배 2배하고 2배 →		→ 2배		
7 × 8		×4배 2배하고 2배 →		→ 2배		
6 × 8		×4배 2배하고 2배 →		→ 2배		

6 '곱하기 9'는 그 수를 열 배 한 다음 그 수만큼 빼면 됩니다. 곱셈을 풀어 봅시다.

		×10배 (뒤에 0 붙이기)				
9 × 9	9	→	90	→ 빼기 9	81	
8 × 9		×10배 (뒤에 0 붙이기) →		→ 빼기 8		
7 × 9		×10배 (뒤에 0 붙이기) →		→ 빼기 7		
6 × 9		×10배 (뒤에 0 붙이기) →		→ 빼기 6		

스스로 하기   추론전략으로 문제를 풀어 보세요.

① 4 × 6   ② 7 × 5

③ 7 × 8   ④ 8 × 4

⑤ 6 × 9   ⑥ 2 × 9

⑦ 7 × 7   ⑧ 8 × 3

⑨ 9 × 6   ⑩ 4 × 8

6. 곱셈 유창성 훈련

이해하기 1) 가리개를 이용하여 구구단 외우기

준비물 : 가리개 2개

선생님

100격자를 가리개 2개로 가리면서
구구단 2단을 말해볼게요.
2X1=2
2X2=4

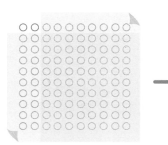 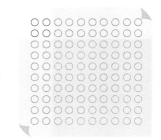

하나

Guide 2씩 늘려가며 2단 곱셈 구구를 연습하도록 지도해 주세요. 마찬가지로 3의 단부터 9의 단까지의 곱셈구구도 같은 방법으로
함께 지도해 주세요.

함께 하기 하나처럼 가리개를 이용하여 2단부터 9단까지 구구단을 외워 봅시다.

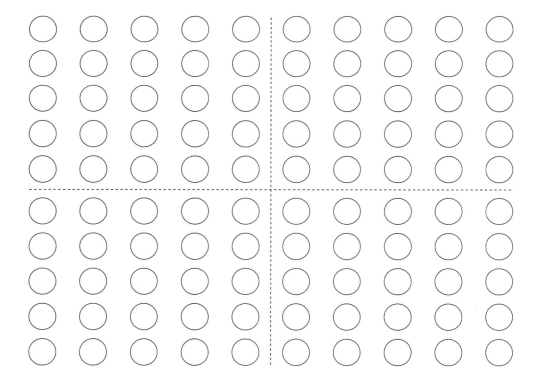

2의 단	
×1	
×2	
×3	
×4	
×5	
×6	
×7	
×8	
×9	

3의 단	
×1	
×2	
×3	
×4	
×5	
×6	
×7	
×8	
×9	

4의 단	
×1	
×2	
×3	
×4	
×5	
×6	
×7	
×8	
×9	

5의 단	
×1	
×2	
×3	
×4	
×5	
×6	
×7	
×8	
×9	

6의 단	
×1	
×2	
×3	
×4	
×5	
×6	
×7	
×8	
×9	

7의 단	
×1	
×2	
×3	
×4	
×5	
×6	
×7	
×8	
×9	

8의 단	
×1	
×2	
×3	
×4	
×5	
×6	
×7	
×8	
×9	

9의 단	
×1	
×2	
×3	
×4	
×5	
×6	
×7	
×8	
×9	

2) 구구단 1의 자리 패턴 익히기

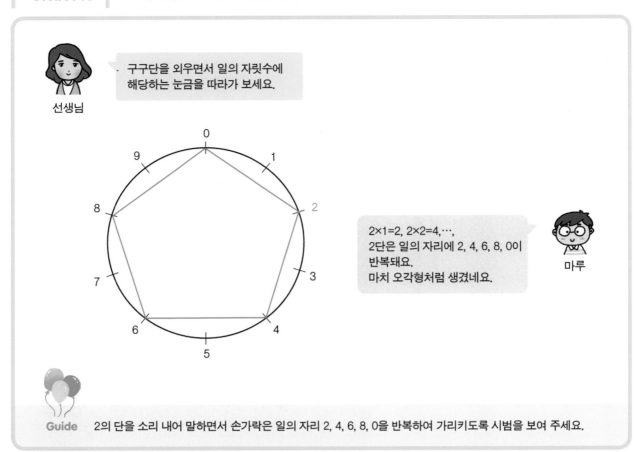

선생님: 구구단을 외우면서 일의 자릿수에 해당하는 눈금을 따라가 보세요.

마루: 2×1=2, 2×2=4,···,
2단은 일의 자리에 2, 4, 6, 8, 0이 반복돼요.
마치 오각형처럼 생겼네요.

Guide 2의 단을 소리 내어 말하면서 손가락은 일의 자리 2, 4, 6, 8, 0을 반복하여 가리키도록 시범을 보여 주세요.

함께 하기 마루처럼 구구단을 말하면서 일의 자릿수에 해당하는 눈금을 따라가 봅시다.

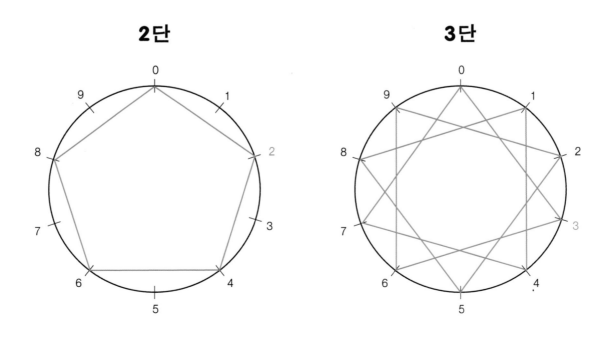

2단

3단

마루처럼 구구단을 외우면서 일의 자릿수에 해당하는 눈금을 따라가 봅시다.

4단

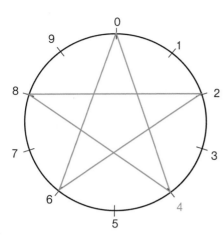

5단

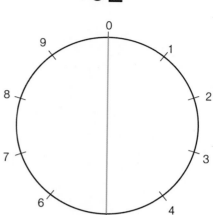

6단

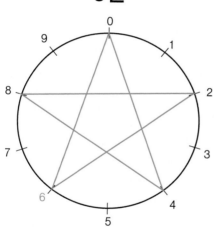

7단

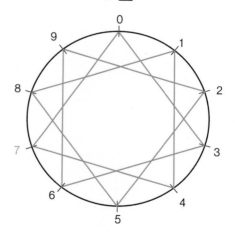

8단

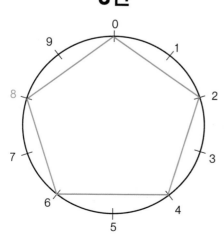

9단

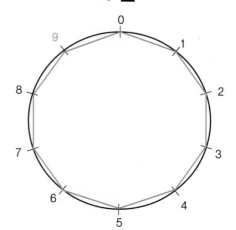

2단

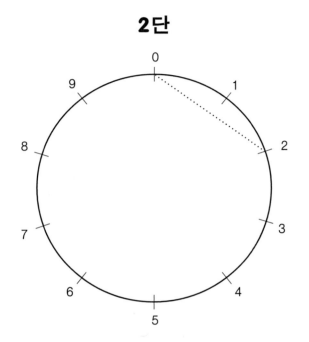

3단

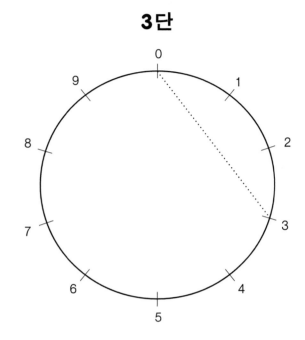

4단

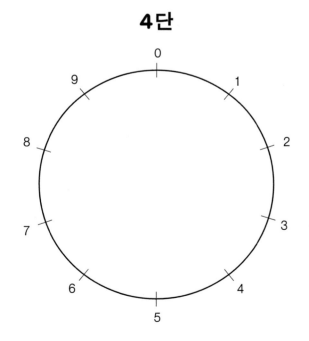

5단

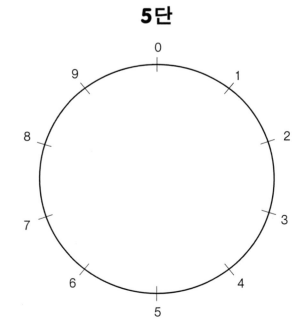

스스로 하기

구구단을 외우면서 일의 자릿수에 해당하는 눈금을 연필로 그리면서
따라가 보세요.

6단

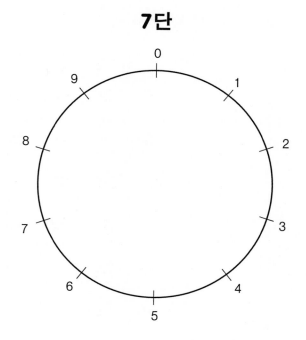

7단

8단

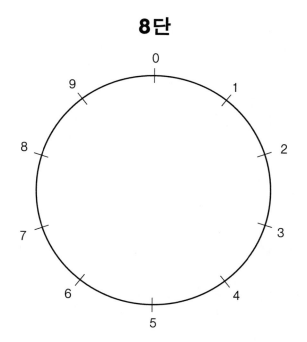

9단

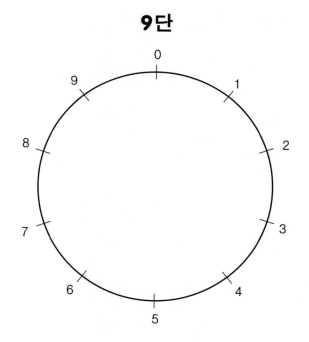

아래에는 각각 1, 2, 3, 4 등의 수를 15번 뛰어 세기한 숫자를 보여 주는 표가 12개 있습니다. 양옆의 곱셈식에 해당되는 칸을 찾아 보기의 2×7=14처럼 연결해 보세요. (다른 곱셈식으로도 연습해 보세요.)

2×7

1	2	3	4	5	2	4	6	8	10
6	7	8	9	10	12	14	16	18	20
11	12	13	14	15	22	24	26	28	30

3×6 / 4×8

3	6	9	12	15	4	8	12	16	20
18	21	24	27	30	24	28	32	36	40
33	36	39	42	45	44	48	52	56	60

5×8 / 2×11

5	10	15	20	25	6	12	18	24	30
30	35	40	45	50	36	42	48	54	60
55	60	65	70	75	66	72	78	84	90

1×10 / 8×9

7	14	21	28	35	8	16	24	32	40
42	49	56	63	70	48	56	64	72	80
77	84	91	98	105	88	95	104	112	120

9×8 / 6×13

9	18	27	36	45	10	20	30	40	50
54	64	72	81	90	60	70	80	90	100
99	108	117	126	135	110	120	130	140	150

7×8 / 12×4

11	22	33	44	55	12	24	36	48	60
66	77	88	99	110	72	84	96	108	120
121	132	143	154	165	132	144	156	168	180

11×3 / 10×14

선생님

맨 아래 **1**
  1 1   부터 왼쪽에서 오른쪽으로 읽어 보세요.

1 곱하기 1은 1, 2 곱하기 1은 2, ….

하나

큰 수만 따로 읽어 보세요. 어떤 규칙이 있나요?

1, 2, 3, 4, …, 9. 1씩 커져요.

Guide 처음에는 교사와 학생이 곱셈산을 소리 내어 읽으면서 규칙성을 찾아보도록 합니다. 추후 숙달이 되면, 〈스스로 하기〉 때에는 빈칸 넣기에 걸린 시간을 반드시 재며 유창성을 기를 수 있도록 지도해 주세요.

함께 하기   하나처럼 선생님과 곱셈산을 읽으면서 규칙을 찾아 봅시다.

								81 9 9
							64 8 8	**72** 8 9
						49 7 7	**56** 7 8	**63** 7 9
					36 6 6	**42** 6 7	**48** 6 8	**54** 6 9
				25 5 5	**30** 5 6	**35** 5 7	**40** 5 8	**45** 5 9
			16 4 4	**20** 4 5	**24** 4 6	**28** 4 7	**32** 4 8	**36** 4 9
		9 3 3	**12** 3 4	**15** 3 5	**18** 3 6	**21** 3 7	**24** 3 8	**27** 3 9
	4 2 2	**6** 2 3	**8** 2 4	**10** 2 5	**12** 2 6	**14** 2 7	**16** 2 8	**18** 2 9
1 1 1	**2** 1 2	**3** 1 3	**4** 1 4	**5** 1 5	**6** 1 6	**7** 1 7	**8** 1 8	**9** 1 9

								81 ( )
							64 ( )	72 ( )
						49 (7 7)	56 ( )	63 (7 9)
					( ) (6 6)	42 ( )	( ) (6 8)	( ) (6 9)
				25 (5 5)	30 ( )	( ) (5 7)	40 ( )	45 (5 9)
			16 ( )	( ) (4 5)	( ) (4 6)	28 ( )	( ) (4 8)	36 ( )
		9 (3 3)	12 ( )	( ) (3 5)	18 ( )	21 ( )	24 ( )	27 (3 9)
	4 (2 2)	6 ( )	8 ( )	( ) (2 5)	12 (2 6)	( ) (2 7)	16 ( )	( ) (2 9)
1 (1 1)	2 (1 2)	3 (1 3)	4 (1 4)	5 (1 5)	6 (1 6)	( ) (1 7)	8 (1 8)	9 (1 9)

날짜 : 월 일	점수 : /100	걸린 시간 : 분 초

스스로 하기 시계를 준비한 후 100칸을 모두 채우는 데 걸린 시간을 계산해 보세요.

날짜 :	월	일	점수 :	/100	걸린 시간 :	분	초

	1	5	8	2	4	9	6	0	3	7
7										
0										
5										
9										
3										
1										
8										
4										
2										
6										

날짜 :	월	일	점수 :	/100	걸린 시간 :	분	초

×	2	9	7	1	4	5	0	8	6	3
3										
8										
1										
6										
4										
2										
0										
9										
5										
7										

선생님

여기 2×3 카드가 있네요.
2×3은 얼마인가요?

6이요.

하람

2×3에 알맞은 점배열 카드를 찾아볼까요?

입니다.

2×3에 알맞은 수직선 카드를 찾아볼까요?

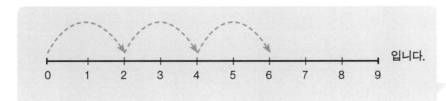 입니다.

어떻게 알게 되었나요?

2칸씩 3번 뛰어 셌기 때문이에요.

Guide
부록에 있는 곱셈 식, 수직선, 점배열카드를 각각 잘라서 알맞은 것을 찾아보도록 해 주세요. 선생님과 학생이
함께 해도 되고, 학생들끼리 카드를 활용하여 게임을 진행해도 좋습니다.

함께 하기   하람이가 푼 것처럼 같은 식을 표현하는 카드를 찾아 봅시다.

① **3×4**

② **6×3**

③ **5×5**

④ **9×3**

⑤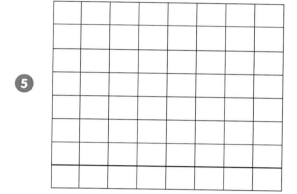

⑥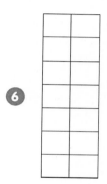

⑦

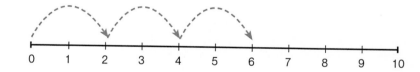

⑧

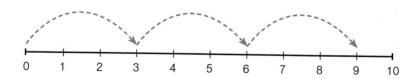

⑨

스스로 하기   곱셈카드 분류하기 놀이를 해 보세요.

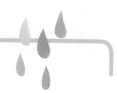

선생님

여기 5×3 카드와 5×4 카드가 있네요.
어느 쪽의 답이 클까요?

5×4 카드요.
하람

왜 그렇게 생각했나요?

5×3 은 5를 3번 더한 것이고
5×4는 5를 4번 더한 것이니까 5가 많아요.

잘했어요. 여기 곱셈카드 중에서
5×4 카드보다 5 많은 카드를 찾을 수 있나요?

이거 5×5 카드요.

잘했어요. 그러면 5×5 카드와
5×7 카드 중에서는 어느 쪽의 답이 클까요?

5×5는 5를 5번 더한 것이고 5×7은
5를 7번 더한 것이니까 10이 많아요.

Guide 5×3 카드와 5×4 카드처럼 피승수가 같은 카드의 쌍도 좋고 6×4 카드와 8×4 카드처럼 승수가 같은 카드도
좋습니다. 점배열 카드나 수직선 카드 2쌍으로 활동해도 좋습니다.

함께 하기 하람이가 푼 것처럼 부록 곱셈카드 2개를 놓고 어느 쪽이 얼마나 큰지 찾는 활동을 더 해봅시다.

선생님

여기 4×5 카드와 5×5 카드와 6×5 카드가 있네요. 크기 순서대로 놓을 수 있나요.

4×5
5×5
6×5

하람

잘했어요. 선생님을 따라서 이렇게 읽어보세요. 사오이십 오오이십오 육오삼십.

사오이십 오오이십오 육오삼십.

6X5 다음에 올 카드는 무엇일지 찾아볼까요?

7×5

6 다음에 오는 수가 7이고 곱하기 5는 항상 바뀌지 않으니까 7X5요.

맞아요. 7X5 다음에 올 카드도 찾아보세요.

8X5예요.

Guide 5×3 카드, 5×4 카드, 5×5 카드처럼 피승수가 같은 카드의 쌍도 좋고 6×4 카드, 7×4 카드, 8×4 카드처럼 승수가 같은 카드의 쌍도 좋습니다. 순서대로 높은 3카드 앞에 또 뒤에 올 카드를 찾는 활동을 해도 좋습니다. 점배열카드나 수직선카드 3쌍으로 활동해도 좋습니다.

함께 하기 하람이가 푼 것처럼 부록 곱셈카드 3개를 놓고 순서대로 놓는 활동을 해봅시다.

선생님

이번에는 구구단을 표시한 2개의 곱셈표를 가지고 하는 활동입니다. 왼쪽에 나오는 구구표는 지금까지 흔히 보던 구구표와 좀 다릅니다. 5 × 7을 찾아보세요.
1 × 1부터 시작해서 앞서 도넛판에서 하듯이 네모로 표시해보세요. 5개씩 7층 빌딩입니다. 이처럼 새로운 곱셈표는 곱셈의 크기를 그대로 보여줍니다. 다른 곱셈으로도 해보세요. 3 × 7, 5 × 9, 7 × 8, 4 × 8, 6 × 5

1×1	2×1	3×1	4×1	5×1	6×1	7×1	8×1	9×1	10×1
1×2	2×2	3×2	4×2	5×2	6×2	7×2	8×2	9×2	10×2
1×3	2×3	3×3	4×3	5×3	6×3	7×3	8×3	9×3	10×3
1×4	2×4	3×4	4×4	5×4	6×4	7×4	8×4	9×4	10×4
1×5	2×5	3×5	4×5	5×5	6×5	7×5	8×5	9×5	10×5
1×6	2×6	3×6	4×6	5×6	6×6	7×6	8×6	9×6	10×6
1×7	2×7	3×7	4×7	5×7	6×7	7×7	8×7	9×7	10×7
1×8	2×8	3×8	4×8	5×8	6×8	7×8	8×8	9×8	10×8
1×9	2×9	3×9	4×9	5×9	6×9	7×9	8×9	9×9	10×9
1×10	2×10	3×10	4×10	5×10	6×10	7×10	8×10	9×10	10×10

아래의 곱셈표는 위의 곱셈표의 값을 표시한 것입니다. 5 × 7에 해당하는 위치로 가면 35라고 나와 있습니다. 그러면 5 × 7은 5 × 6보다 얼마나 클까요? 5개씩 6층보다 5개씩 7층이 5개만큼 큽니다. 표에서 찾아보면 30 과 35니까 5만큼 큽니다. 5 × 8은 5 × 7 보다 5만큼 큽니다. 그러면 아래 오른쪽 표에 나오는 곱셈을 찾아서 동그라미해보고 수가 얼마씩 커지는지 확인해보세요.

1	2	3	4	5	6	7	8	9	10
2	4	6	8	10	12	14	16	18	20
3	6	9	12	15	18	21	24	27	30
4	8	12	16	20	24	28	32	36	40
5	10	15	20	25	30	35	40	45	50
6	12	18	24	30	36	42	48	54	60
7	14	21	28	35	42	49	56	63	70
8	16	24	32	40	48	56	64	72	80
9	18	27	36	45	54	63	72	81	90
10	20	30	40	50	60	70	80	90	100

3 × 4
3 × 5
3 × 6
8 × 4
8 × 5
8 × 6
6 × 5
7 × 5
8 × 5
9 × 5
2 × 7
4 × 7
6 × 7
7 × 7
2 × 5
4 × 5
6 × 5
8 × 5

전략 소개

선생님

12×8은 얼마인가요? 각자 어떻게 풀었는지 자신의 방법을 친구들에게 소개해봅시다.

1 같은 수 더하기/뛰어 세기

$$=12+12+12+12+12+12+12+12$$
$$=24+24+24+24$$
$$=48+48$$
$$=96$$

보배

12 곱하기 8은 12를 8번 더하는 것과 같아요.
12+12+12+12+12+12+12+12
하면 96이에요.

2 곱해 올라가기

두리

12 곱하기 8을 하려면
12곱하기 2를 해서 24,
24를 두 배하면 48,
48을 두 배하면 96, 답은 96이에요.

3 갈라서 곱하기

$$12 \times 8 = (10+2) \times 8$$
$$= (10 \times 8) + (2 \times 8)$$
$$= 80+16$$
$$= 96$$

새나

12 곱하기 8을 계산하려면
12를 10과 2로 갈라서
각각 8에 곱하면 돼요.

4 곱절의 절반

토리

12곱하기 8은
24곱하기 4와 같고
24곱하기 4는
48곱하기 2와 같으니 96이에요.

⑤ 쉬운 곱셈 만들기

12×8은 어려우니까 12×10을 한 다음
12×2만큼만 빼주면 돼요.
그러니까 120 빼기 24는 96이에요.

하람

⑥ 작은 곱셈으로 만들기

나래

12×8은 2×6×8과 같아요. 6×8을
먼저 하면 48이니까 2×48은 96,
답은 96이에요.

$$12 \times 8$$
$$=2 \times \underline{6 \times 8}$$
$$=2 \times 48$$
$$=96$$

전략 토론하기

각각의 전략에 대한 자신의 의견을 이야기해 봅시다.

보배야! 난 너의 전략이
시간이 너무 많이 걸릴 것 같아.

그래도 세 자릿수나 네 자릿수에 곱하기 2나 3을 할 때는
보배의 방법이 효과적이야.
그런데 두리 방법은 잘 안 쓰일 것 같은데….

머리셈을 할 때 항상 쓰는 방법이니
연습을 하면 좋답니다.

새나 방법은 나도 잘 써!
예전에 배운 방법이랑도 비슷한 것 같아.

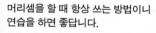

맞아. 나도 많이 써 봤어.
세로셈이랑 비교해 봐도 좋을 것 같아.

토리야. 그런데 나는 너의 방법이
이해가 잘 안 가는데
어떻게 하면 이해할 수 있을까?

사각형의 넓이를 쪼개 구하는
것처럼 구하면 쉬워.
〈곱셈의 달인 6〉에서 같이 공부해 보자.

하람아, 그런데 곱셈은 쉬워도
난 뺄셈이 들어가면 어려워지더라.

사각형의 넓이를 쪼개 구하는 것처럼
구하면 쉬워. 〈곱셈의 달인 7〉에서 같이
공부해 보자.

나래야. 그런데 12×8을 2×6×8로 바꿔서
6×8을 먼저 한다고 했는데 앞에서부터
해야 하는 거 아냐?

지난번에 배운 결합법칙을 다시 한 번 같이
공부하면 이해가 될 거야.

나래야. 네 방법이 이해는 가는데 12를
봐도 2×6이 잘 안 떠오르더라고.

두리야~ 〈곱셈의 달인 8:점배열과 비례
관계〉를 같이 공부하면 잘 떠오르게 될 거야.

그래, 두리야~ 그리고 구구단 거꾸로
외우기 놀이를 하면 저절로
재밌게 외울 수 있어!

앞으로 선생님과 함께 공부하면서 전략에
대한 궁금증을 하나씩 풀어 보도록 해요.

2. 같은 수 더하기/뛰어 세기

이해하기   1) 같은 수 더하면서 큰 수 곱셈하기

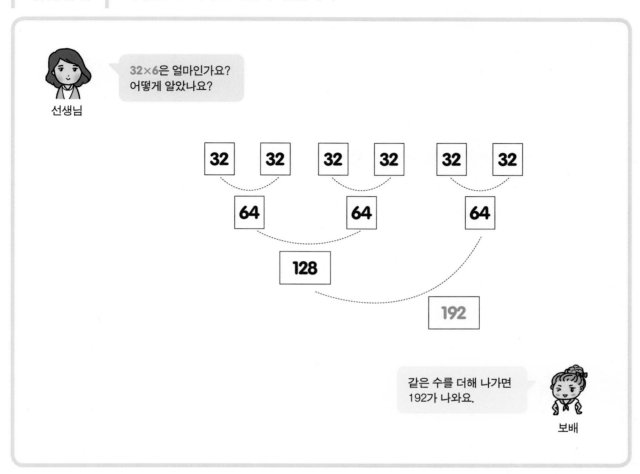

선생님: 32×6은 얼마인가요?
어떻게 알았나요?

보배: 같은 수를 더해 나가면 192가 나와요.

함께 하기   보배처럼 뛰어 세며 곱셈 문제를 풀어 봅시다.

❶ **15×5**

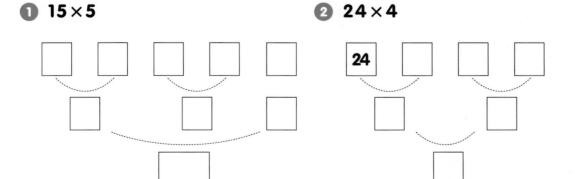

❷ **24×4**

❶ 21×4

❷ 25×5

❸ 36×8

❹ 24×7

❺ 55×4

❻ 41×6

❼ 35×5

❽ 110×6

❾ 125×4

❿ 106×8

1) 수직선에서 뛰어 세며 큰 수 곱셈하기

선생님

70×4는 얼마인가요?
어떻게 알았나요?

0 70 140 210 280   1000

수직선에서 70씩 뛰면
70, 140, 210, 280!
280이에요.

보배

+ ÷ =

Guide 학생들이 수직선 상 눈금이 항상 1, 혹은 10씩 차이가 난다고 생각하기 쉽습니다. 끝이 100 또는 1,000인
수직선에서 다양한 뛰어 세기를 하며 수 감각이 형성될 수 있도록 지도해 주세요.

함께 하기 보배처럼 수직선 위에서 뛰어 세면서 곱셈 문제를 풀어 봅시다.

❶ **11×4**

0   100

❷ **15×6**

0   100

스스로 하기 보배처럼 수직선 위에서 뛰어 세며 문제를 풀어 보세요.

❶ **12×6**

0

❷ **51×8**

0

❸ **120×5**

0

❹ **250×3**

0

스스로 하기 아래의 곱셈을 숫자판에서 뛰어 세기하며 풀어 보세요.

1	2	3	4	5	6	7	8	9	10
11	12	13	14	15	16	17	18	19	20
21	22	23	24	25	26	27	28	29	30
31	32	33	34	35	36	37	38	39	40
41	42	43	44	45	46	47	48	49	50
51	52	53	54	55	56	57	58	59	60
61	62	63	64	65	66	67	68	69	70
71	72	73	74	75	76	77	78	79	80
81	82	83	84	85	86	87	88	89	90
91	92	93	94	95	96	97	98	99	100

❶ 20×4

❷ 15×6

❸ 11×7

❹ 12×6

❺ 31×3

❻ 13×5

❼ 14×6

❽ 12×7

이해하기 1) 연속 두 배 하면서 큰 수 곱셈하기

선생님

135×9는 얼마인가요?
어떻게 알았나요?

135를 먼저 2배 하면 270이고
또 2배 하면 540, 또 2배 하면 1,080,
9배가 되려면 1,080에 135를 더해서
1,215이에요.

두리

식으로 정리하면
135×2=270
135×4=540
135×8=1,080
135×9=1,080+135=1,215
이렇게 되네요.

Guide 2배씩 곱해 올라가면서 머리셈을 하기 좋은 전략입니다.

함께 하기 두리처럼 곱해 올라가며 곱셈 문제를 풀어 봅시다.

❶ **23 × 9**

23×2=46
23×4=92   2배
23×8=184   2배

23×9=184+ [   ] = [   ]

❷ **75 × 7**

75×2=150
75×3=225
75×6=450   2배

75×7=450+ [   ] = [   ]

❸ **575 × 8**

575×2=1150
575×4=2300   2배
575×8= [   ]   2배

❹ **575 × 7**

575×2=1150
575×3=1725
575×6=3450   2배

575×7=3450+ [   ] = [   ]

곱해 올라가는 전략으로 문제를 풀어 보세요.

❶ 33×9

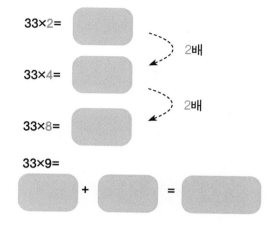

33×2=

33×4=
2배

33×8=
2배

33×9=

[ ] + [ ] = [ ]

❷ 46×7

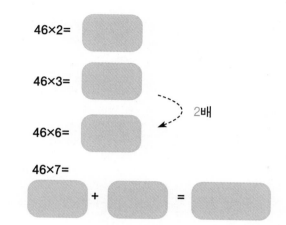

46×2=

46×3=

46×6=
2배

46×7=

[ ] + [ ] = [ ]

❸ 65×8

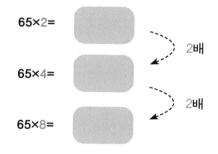

65×2=

65×4=
2배

65×8=
2배

❹ 175×6

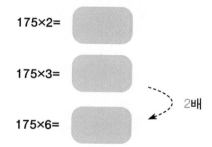

175×2=

175×3=

175×6=
2배

❺ 245×9

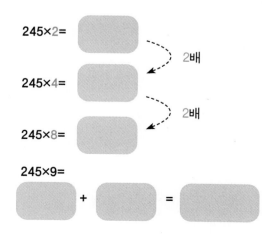

245×2=

245×4=
2배

245×8=
2배

245×9=

[ ] + [ ] = [ ]

❻ 425×7

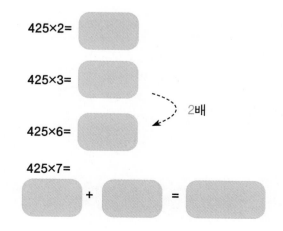

425×2=

425×3=

425×6=
2배

425×7=

[ ] + [ ] = [ ]

4. 갈라서 곱하기

이해하기   1) 10의 자리, 1의 자리로 갈라서 곱하기

선생님

27×4는 얼마인가요?
어떻게 알았나요?

두리

저는 27을 10, 10, 7로 갈라서
풀었어요.
10×4=40
10×4=40   108
7×4=28
따로 구해서 더하면 돼요.

식으로 정리하면,
27×4
=(10×4)+(10×4)+(7×4)
=40+40+28
=108이네요.

Guide   1씩, 10씩 갈라서 풀어서 계산할 수 있도록 지도해 주시고, 익숙해지면 10의 자리, 1의 자리씩 나누도록 지도해 주세요.

함께 하기   새나처럼 갈라서 곱하는 전략으로 문제를 풀어 봅시다.

❶ 34×3

=(10×3)+(10×3)+(10×3)+(4×3)

= ☐ + ☐ + ☐ + ☐

= ☐

❷ 127×7

=(100×7)+(10×7)+(10×7)+(7×7)

= ☐ + ☐ + ☐ + ☐

= ☐

❸ 75×5

=(10×5)+(10×5)+(10×5)+(10×5)+(10×5)
+(10×5)+(10×5)+(5×5)

= ☐ + ☐ + ☐ + ☐

+ ☐ + ☐ + ☐ + ☐

= ☐

❹ 88×6

=(10×6)+(10×6)+(10×6)+(10×6)+(10×6)
+(10×6)+(10×6)+(10×6)+(8×6)

= ☐ + ☐ + ☐ + ☐

+ ☐ + ☐ + ☐ + ☐

+ ☐ = ☐

① **47 × 4**

=(10×4)+(10×4)+(10×4)+(10×4)+(7×4)

= ☐ + ☐ + ☐

+ ☐ + ☐ = ☐

② **47 × 4**

=(40×4)+(7×4)

= ☐ + ☐

= ☐

③ **43 × 6**

=(10×6)+(10×6)+(10×6)+(10×6)+(3×6)

= ☐ + ☐ + ☐

+ ☐ + ☐ = ☐

④ **43 × 6**

=(40×6)+(3×6)

= ☐ + ☐

= ☐

⑤ **346 × 8**

=(100×8)+(100×8)+(100×8)+(10×8)
+(10×8)+(10×8)+(10×8)+(6×8)

= ☐ + ☐ + ☐ + ☐ + ☐

+ ☐ + ☐ + ☐ = ☐

⑥ **346 × 8**

=(300×8)+(40×8)+(6×8)

= ☐ + ☐ + ☐

= ☐

⑦ **555 × 9**

=(100×9)+(100×9)+(100×9)+(100×9)+(100×9)
+(10×9)+(10×9)+(10×9)+(10×9)+(10×9)+(5×9)

= ☐ + ☐ + ☐ + ☐ + ☐

+ ☐ + ☐ + ☐ + ☐ + ☐

+ ☐ = ☐

⑧ **555 × 9**

=(500×9)+(50×9)+(5×9)

= ☐ + ☐ + ☐

= ☐

2) 수직선에서 두 자릿수 곱셈하기

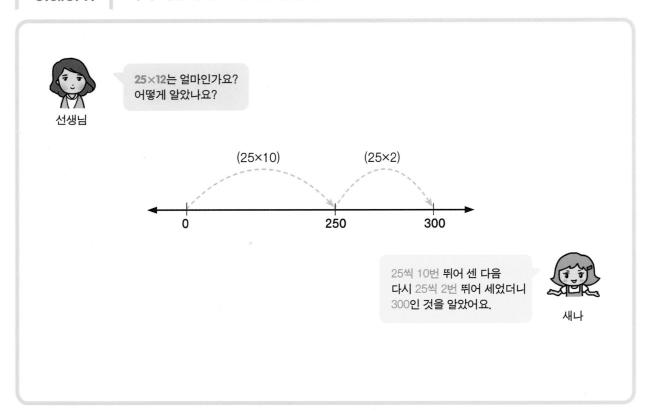

함께 하기 새나처럼 수직선에 뛰어 세면서 문제를 풀어 봅시다.

❶ **22 × 23**

❷ **19 × 34**

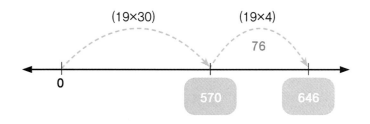

❶ 22×23

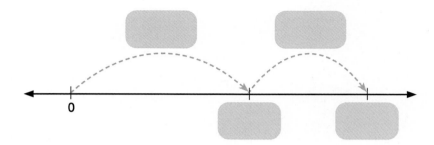

❷ 55×53

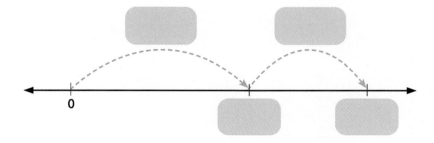

❸ 77×31

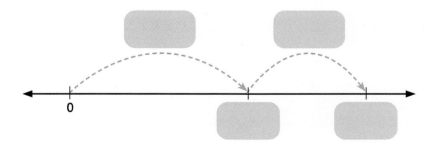

❹ 42×74

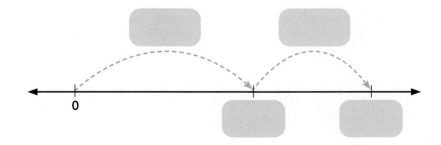

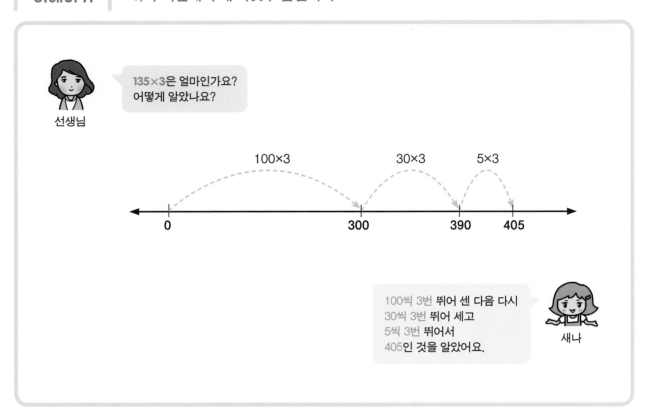

함께 하기   새나처럼 수직선에 뛰어 세면서 문제를 풀어 봅시다.

❶ **225×3**

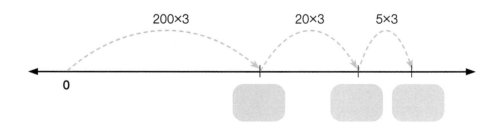

❷ **340×5**

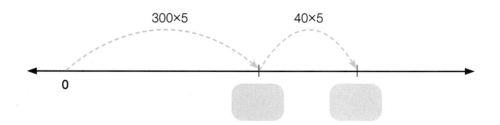

① **164 × 4**

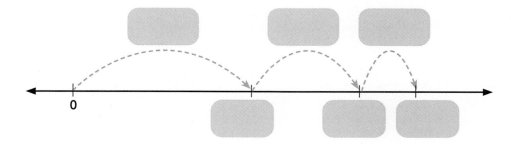

② **717 × 5**

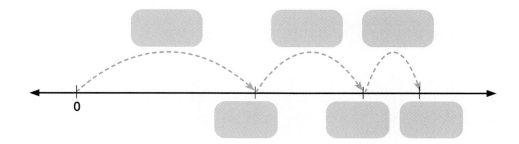

③ **142 × 4**

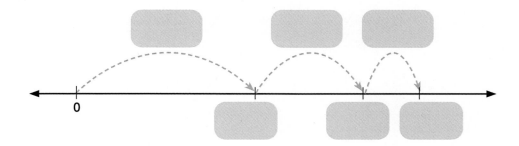

④ **505 × 4**

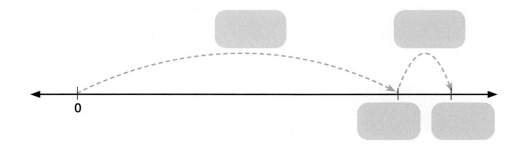

4) 넓이 그림으로 두 자릿수 곱셈하기

선생님

9×14는 얼마인가요?
어떻게 알았나요?

표를 그려서 10과 4를 갈라서 풀었어요.

×	10	4
9	90	36

90+36=126이에요.

새나

이렇게 그림으로
나타낼 수도 있어요.

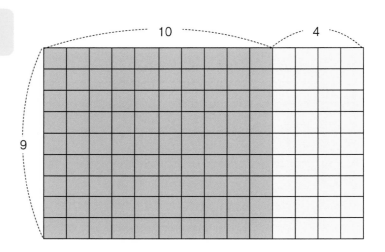

Guide 직사각형의 넓이를 구하는 방법처럼 그림을 그려서 지도할 수 있습니다.

함께 하기 새나처럼 표를 그려서 문제를 풀어 봅시다.

❶ **8×25**

×	20	5
8		

❷ **7×22**

×	20	2
7		

① 8×32

×		

② 7×57

×		

③ 8×66

×		

④ 7×82

×		

⑤ 5×32

×		

⑥ 7×99

×		

⑦ 6×69

×		

⑧ 8×72

×		

선생님

8×137은 얼마인가요?
어떻게 알았나요?

표를 그려서 100, 30, 7로 갈라서 풀었어요.

×	100	30	7
8	800	240	56

800+240+56=1,096이에요.

새나

이렇게 그림으로
나타낼 수도 있어요.

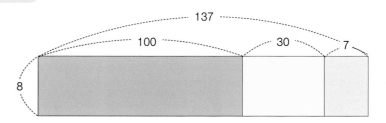

Guide   직사각형의 넓이를 구하는 방법처럼 그림을 그려서 이해를 도와주세요.

함께 하기   새나처럼 표를 그려서 문제를 풀어 봅시다.

❶ 6×235 =

×	200	30	5
6			

❷ 4×456 =

×	400	50	6
4			

❶ **5 × 256 =**

×			
5			

❷ **3 × 426 =**

×			
3			

❸ **7 × 532 =**

×			
7			

❹ **8 × 235 =**

×			
8			

❺ **4 × 587 =**

×			
4			

❻ **9 × 250 =**

×			
9			

❼ **3 × 407 =**

×			
3			

❽ **9 × 660 =**

×			
9			

6) 넓이 그림으로 두 자릿수끼리 곱셈 풀기

선생님

14×15는 얼마인가요?
어떻게 알았나요?

표를 그려서 풀었어요

×	10	5
10	100	50
4	40	20

100+50+40+20=210이에요.

새나

이렇게 그림으로
나타낼 수도 있어요.

 Guide 직사각형의 넓이를 구하는 방법처럼 그림을 그려서 지도할 수 있습니다.

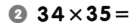

함께 하기 새나처럼 표를 그려서 문제를 풀어 봅시다.

❶ 22×35=

×	30	5
20		
2		

❷ 34×35=

×	30	5
30		
4		

120 계산 자신감 4

① **64 × 32 =**

×		

② **27 × 43 =**

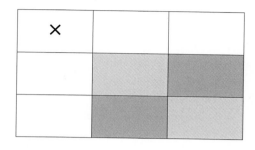

③ **55 × 55 =**

×		

④ **74 × 12 =**

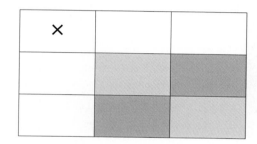

⑤ **99 × 99 =**

×		

⑥ **25 × 25 =**

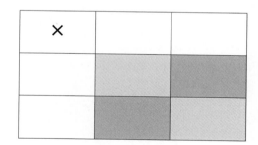

⑦ **74 × 77 =**

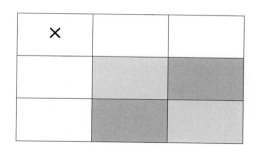

⑧ **90 × 26 =**

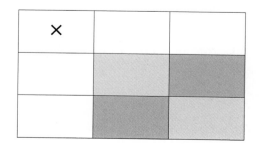

이해하기

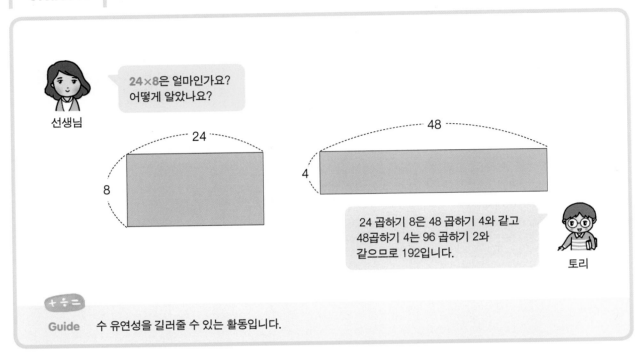

선생님: **24×8**은 얼마인가요? 어떻게 알았나요?

토리: 24 곱하기 8은 48 곱하기 4와 같고 48곱하기 4는 96 곱하기 2와 같으므로 192입니다.

Guide 수 유연성을 길러줄 수 있는 활동입니다.

함께 하기   토리처럼 곱절의 절반 전략을 이용하여 값이 같은 것끼리 이어 봅시다.

❶
24×4 •　　　　• 110×2

32×4 •　　　　• 64×2

55×4 •　　　　• 48×2

❷
77×8 •　　　　• 154×4

15×8 •　　　　• 50×4

25×8 •　　　　• 30×4

스스로 하기　같은 것끼리 이어 보세요.

❶

15×6 •　　　　　• 130×3

25×6 •　　　　　• 50×3

75×6 •　　　　　• 30×3

65×6 •　　　　　• 150×3

❷

15×12 •　　　　　• 190×6

25×12 •　　　　　• 50×6

55×12 •　　　　　• 110×6

95×12 •　　　　　• 30×6

❸

25×24 •　　　　　• 130×12

65×24 •　　　　　• 50×12

85×24 •　　　　　• 170×12

35×24 •　　　　　• 70×12

이해하기　1) 넓이 그림으로 쉬운 곱셈 만들기 1

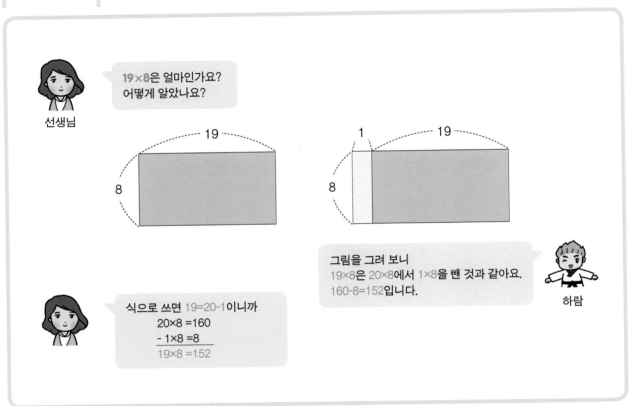

선생님: 19×8은 얼마인가요?
어떻게 알았나요?

하람: 그림을 그려 보니
19×8은 20×8에서 1×8을 뺀 것과 같아요.
160-8=152입니다.

식으로 쓰면 19=20-1이니까
20×8 =160
- 1×8 =8
19×8 =152

함께 하기　하람이처럼 생각해서 쉬운 곱셈으로 만들어 풀어 봅시다.

❶ **19×16**

20×16　=
- 　1×16　=
──────────
19×16　=

❷ **29×20**

30×20　=
- 　1×20　=
──────────
29×20　=

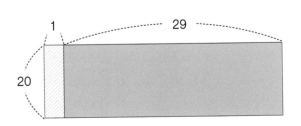

1 18×70

20×70 =

- 2×70 =

18×70 =

2 98×30

100×30 =

- 2×30 =

98×30 =

3 99×40

100×40 =

- 1×40 =

99×40 =

4 97×40

100×40 =

- 3×40 =

97×40 =

5 19×170

20×170 =

- 1×170 =

19×170 =

6 199×45

200×45 =

- 1×45 =

199×45 =

7 297×40

300×40 =

- 3×40 =

297×40 =

8 390×66

400×66 =

- 10×66 =

390×66 =

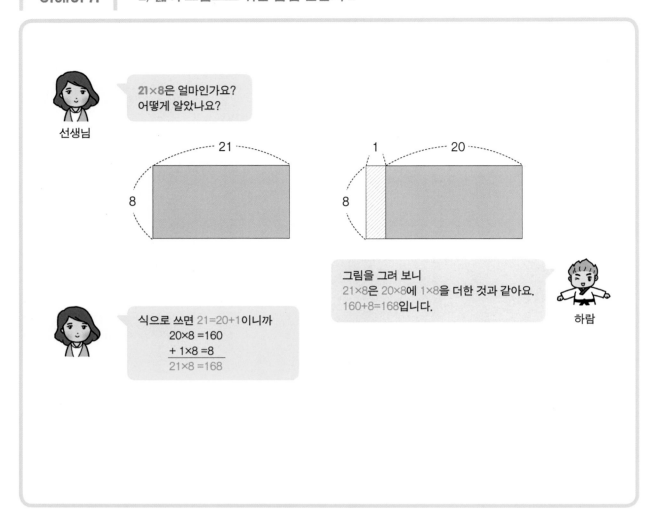

선생님 21×8은 얼마인가요? 어떻게 알았나요?

하람 그림을 그려 보니 21×8은 20×8에 1×8을 더한 것과 같아요. 160+8=168입니다.

식으로 쓰면 21=20+1이니까
20×8 =160
+ 1×8 =8
21×8 =168

함께 하기 　하람이처럼 생각해서 쉬운 곱셈으로 만들어 풀어 봅시다.

❶ **21×7**

20×7　=
+　1×7　=
———————
21×7　=

❷ **31×20**

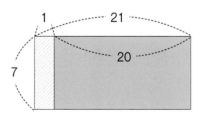

30×20　=
+　1×20　=
———————
31×20　=

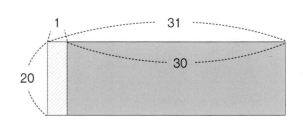

스스로 하기　아래 곱셈을 쉬운 곱셈으로 만들어서 풀어 보세요.

① **42×60**

40×60	=
+ 2×60	=
42×60	=

② **101×12**

100×12	=
+ 1×12	=
101×12	=

③ **102×40**

100×40	=
+ 2×40	=
102×40	=

④ **303×40**

300×40	=
+ 3×40	=
303×40	=

⑤ **301×45**

300×45	=
+ 1×45	=
301×45	=

⑥ **710×38**

700×38	=
+ 10×38	=
710×38	=

⑦ **905×40**

900×40	=
+ 5×40	=
905×40	=

⑧ **204×50**

200×50	=
+ 4×50	=
204×50	=

스스로 하기 왼쪽 곱셈을 풀기 쉽게 만들 수 있는 곱셈을 오른쪽에서 찾아 보세요.

1

49×4 •   • 80×8

39×12 •   • 50×4

58×14 •   • 60×14

78×8 •   • 40×12

2

95×21 •   • 500×6

33×98 •   • 33×100

390×6 •   • 400×6

501×6 •   • 95×20

3

201×11 •   • 200×11

701×6 •   • 200×12

19×18 •   • 20×18

195×12 •   • 700×6

이해하기

15×24는 얼마인가요?
어떻게 알았나요?

선생님

15에 24를 곱하는 것은
15에 2를 곱한 다음에 12를
곱한 것과 같아요. 30×12로
만들어 풀었어요.

나래

식으로 쓰면
15×24=15×2×12
　　　 =30×12
　　　 =360

선생님

+ ÷ =

Guide 수 유연성을 길러줄 수 있는 활동입니다.

함께 하기

아래 곱셈을 작은 수의 곱셈으로 만들면 어떻게 될지 오른쪽에
알맞은 곱셈을 찾아 이어 보세요.

❶

36×30 •

22×50 •

16×8 •

　　　• **16×2×2×2**

　　　• **36×3×10**

　　　• **22×5×10**

❷

24×45 •

15×90 •

45×4 •

　　　• **9×5×4**

　　　• **6×4×5×9**

　　　• **15×3×3×10**

25×8 •

8×35 •

25×32 •

25×9 •

15×8 •

45×8 •

33×8 •

12×25 •

16×45 •

18×35 •

16×25 •

12×35 •

• 9×5×8

• 25×2×4

• 7×5×8

• 5×5×4×8

• 5×5×3×3

• 3×5×8

• 2×2×3×5×7

• 11×3×8

• 3×4×5×5

• 4×4×5×9

• 3×3×2×5×7

• 4×4×5×5

E단계

곱셈의 달인

이해하기

선생님

 이 점배열을 어떻게 곱셈 식으로 나타낼 수 있죠?

2×3=6입니다.

마루

Guide 구구단을 노래처럼 외우지 않고 충분히 수량을 인식하고 곱셈 식으로 나타낼 수 있도록 지도해주세요.

함께 하기
마루처럼 2단의 곱셈구구를 표현한 그림을 보고 빈칸을 채워 봅시다.

2×1 = 2

2×2 =

2×3 =

2×4 =

2×5 = 10

2×6 =

2×7 =

2×8 =

2×9 =

3단의 곱셈구구를 표현한 그림을 보고 빈칸을 채우세요.

3×1 = **3**

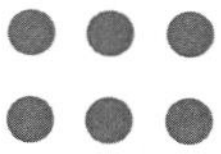

3×2 =

3×3 =

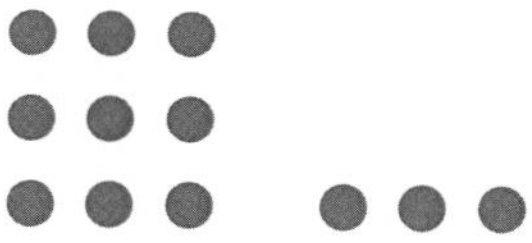

3×4 =

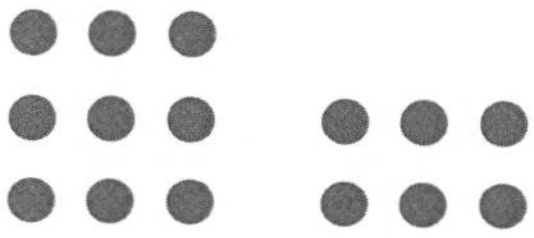

3×5 = **15**

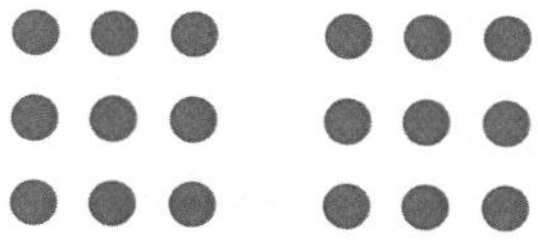

3×6 =

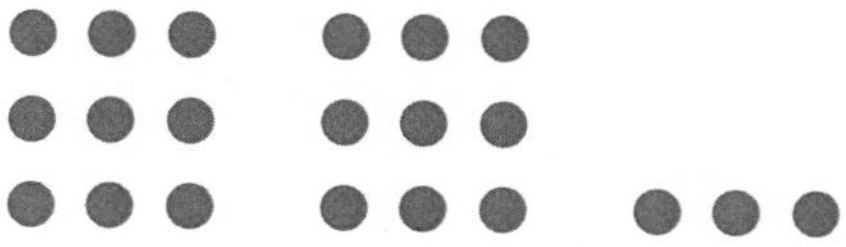

3×7 =

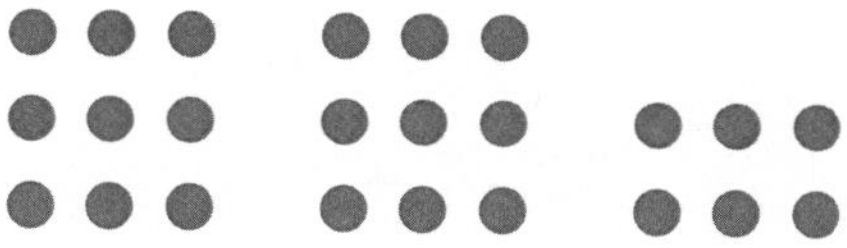

3×8 =

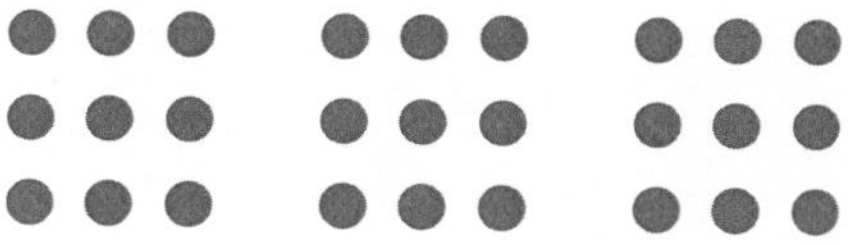

3×9 =

7단의 곱셈구구를 표현한 그림을 보고 빈칸을 채우세요.

7×1 = 7

7×2 =

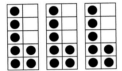

7×3 =

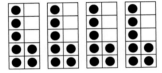

7×4 =

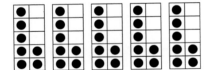

7×5 = 35

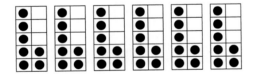

7×6 =

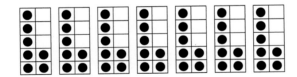

7×7 =

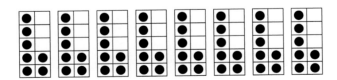

7×8 =

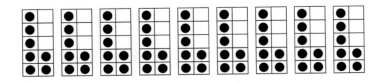

7×9 =

이해하기

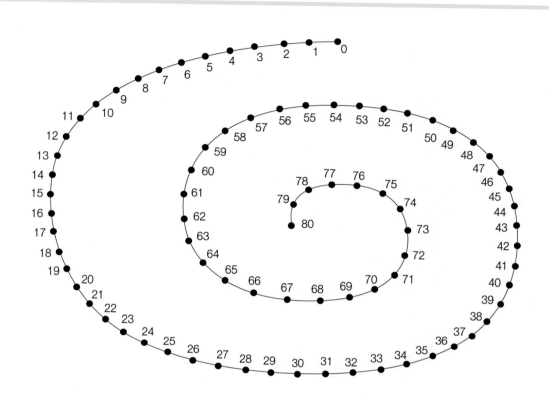

선생님

2부터 2씩 뛴 수에 파란색으로 ○표를 하면서
2단을 익혀 봅시다.

(2, 4, 6, …, 76, 78, 80에
○표 하며 2단을 익힌다.)

마루

4부터 4씩 뛴 수에 빨간색으로 V표를 하면서
4단을 익혀 봅시다.

(4, 8, 12, …, 72, 76, 80에
V표 하며 4단을 익힌다.)

8부터 8씩 뛴 수에 검정색으로 △표시를 하면서 8단을 익히고
2, 4, 8 사이에 어떤 비슷한 점이 있는지 살펴보세요.

Guide 2, 4, 8단 사이의 수들이 어떤 관계가 있는지 자유롭게 수 대화(number talk)하며 다양한 규칙을 찾아볼 수 있도록 지도해 주세요.

함께 하기 다음 물음에 답하며 뛰어 세기를 익혀 봅시다.

❶ 5씩 뛴 수에 ◯표 해 보세요.

❷ 10부터 10씩 건너뛴 것과 차이점을 말해 봅시다.

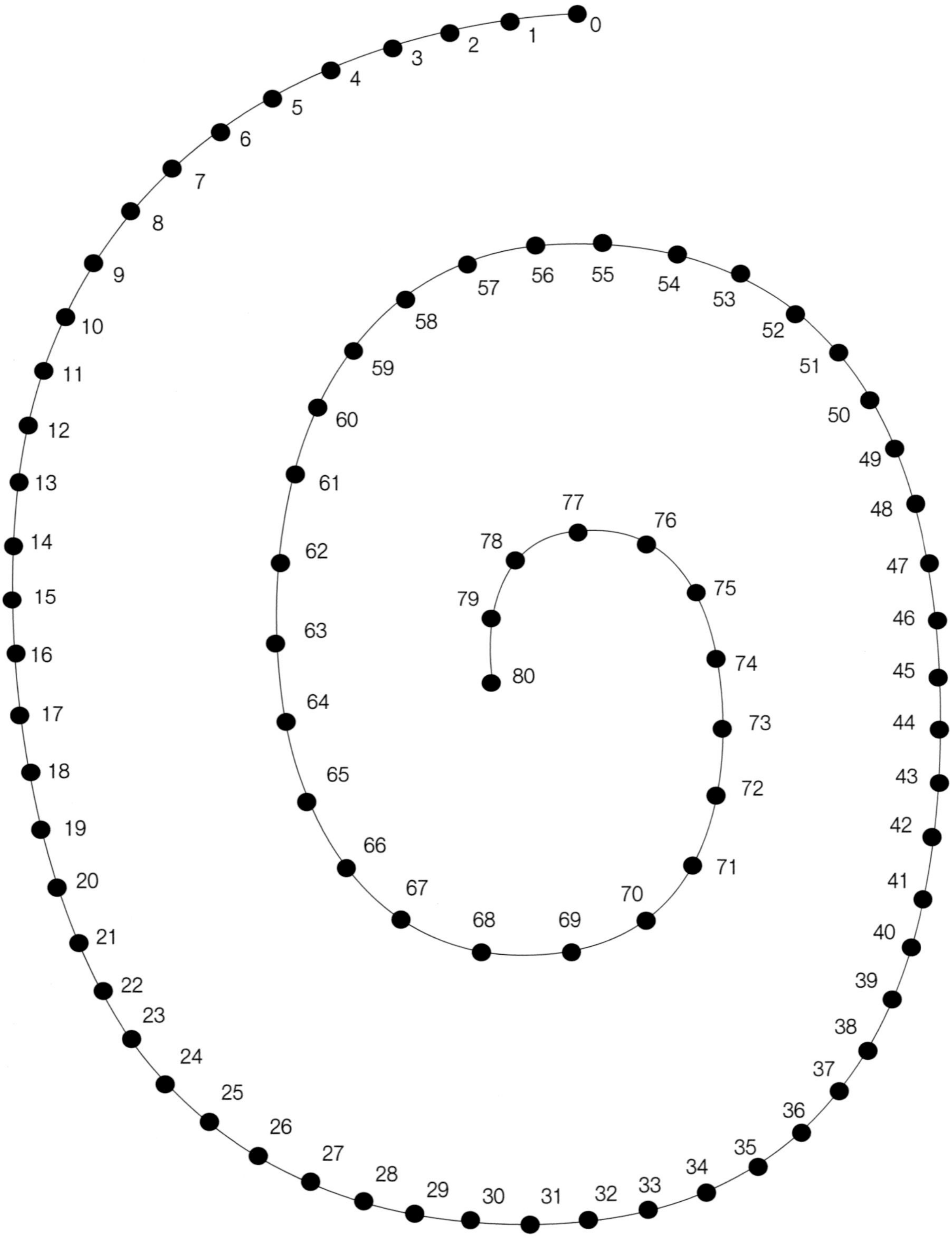

스스로 하기

다음 물음에 답하며 뛰어 세기를 익혀 보세요.

1 3부터 3씩 뛴 수에 파란색으로 ○표를 하면서 3단을 익혀 봅시다.

2 6부터 6씩 뛴 수에 빨간색으로 V표시를 하면서 6단을 익혀 봅시다.

3 9부터 9씩 뛴 수에 검정색으로 △표시를 하면서 9단을 익혀 봅시다.

4 3, 6, 9단 사이에 어떤 비슷한 점이 있나요?

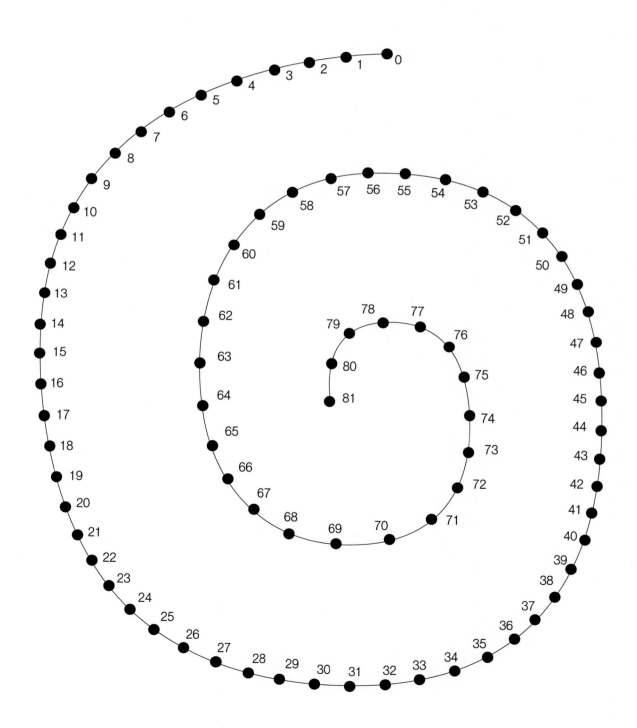

스스로 하기

5단의 곱셈구구가 5씩 뛰어 세기한 결과와 같은지 확인해 보세요.

5×1 =   5

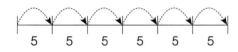

5×2 =

5×3 =

5×4 =

5×5 =   25

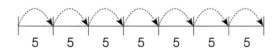

5×6 =

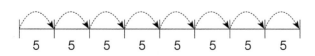

5×7 =

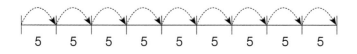

5×8 =

5×9 =

1	2	3	4	5	6	7	8	9	10
11	12	13	14	15	16	17	18	19	20
21	22	23	24	25	26	27	28	29	30
31	32	33	34	35	36	37	38	39	40
41	42	43	44	45	46	47	48	49	50
51	52	53	54	55	56	57	58	59	60
61	62	63	64	65	66	67	68	69	70
71	72	73	74	75	76	77	78	79	80
81	82	83	84	85	86	87	88	89	90
91	92	93	94	95	96	97	98	99	100

1 2단, 4단, 8단을 차례로 외우면서 값에 표시해 보세요. 어떤 규칙성이 있나요?

2 바둑돌 100개를 놓고 2개씩, 4개씩, 8개씩 세어 보세요. 중간에 생각이 안 나면 숫자판을 보고 해도 됩니다.

3 3단, 6단, 9단을 차례로 외우면서 값에 표시해 보세요. 어떤 규칙성이 있나요?

4 바둑돌 100개를 놓고 3개씩, 6개씩, 9개씩 세어 보세요. 중간에 생각이 안 나면 숫자판을 보고 해도 됩니다.

5 5단을 외우면서 값에 표시해 보세요. 만약에 10단이 있다면 어떻게 될까요? 표시해 보세요. 만약, 12단이 있다면 어떻게 될까요? 표시해 보세요.

6 바둑돌을 100개를 놓고 5개씩, 7개씩 세어 보세요. 중간에 생각이 안 나면 숫자판을 보고 해도 됩니다.

이해하기

준비물 : 곱셈 구구판(QR 코드 선택)

×	0	1	2	3	4	5	6	7	8	9
0	0	0	0	0	0	0	0	0	8	9	10
1	0	1	2	3	4	5	6	7	8	9
2	0	2	4	6	8	10	12	14	16	18
3	0	3	6	9	12	15	18	21	24	27
4	0	4	8	12	16	20	24	28	32	36
5	0	5	10	15	20	25	30	35	40	45
6	0	6	12	18	24	30	36	42	48	54
7	0	7	14	21	28	35	42	49	56	63
8	0	8	16	24	32	40	46	56	64	72
9	0	9	18	27	36	45	54	63	72	81

선생님

3단의 곱셈구구는 3씩 커집니다.
그러면, 3×6는 3×5보다 얼마나 클까요?

3만큼 커요.

마루

4단의 곱셈구구는 4씩 커집니다.
그러면 4×5는 4×7보다 얼마나 클까요?

4씩 두 번 커졌으니까 8만큼 커요.

6×5는 8×5보다 얼마나 클까요?

2×5니까 10만큼 커요.

🌾
Guide   곱셈구구판을 이용하여 다양한 곱셈구구 사이의 관계를 익힐 수 있도록 지도해 주시면 됩니다.

함께 하기   마루처럼 곱셈구구판을 보고, 물음에 답해 봅시다.

① 6×4와 값이 같은 곱셈은 어떤 것이 있나요?

② 교환법칙이 적용되는 곱셈의 쌍을 찾아 색연필로 동그라미 해 보세요.

③ 3×4와 3×3를 합하면 얼마가 됩니까? 3×7의 값과 비교해 보세요. 왜 두 곱셈 식의 값이 같을까요?

이해하기 1) 수모형으로 갈라서 곱하기

준비물 : 연결큐브 혹은 수모형(부록70-110)

 선생님

오늘은 **42×3**을 세로셈으로 푸는 방법을 수모형으로 설명해 줄게요. 우선 42개씩 3묶음은 이렇게 만들 수 있어요.

```
  42
×  3
```

2개씩 3묶음을 먼저 세어 보면 6개입니다.

```
  42
×  3
───
   6
```

10모형이 4개씩 3개니 10모형이 모두 12개. 10모형이 12개면 120.

```
  42
×  3
───
   6
 120
```

6과 120을 합하면 126이 됩니다.

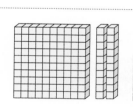

```
   42
×   3
────
    6
  120
────
  126
```

Guide 부록에 있는 수모형을 실제로 조작하면서 이해를 도와주세요.

1 **23×4＝**

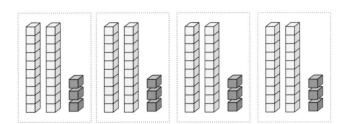

23개 묶음이 4개

$$\begin{array}{r} 2\,3 \\ \times\quad 4 \\ \hline \end{array}$$

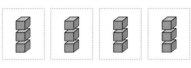

3개씩 [ ] 묶음이니까 [ ]

$$\begin{array}{r} 2\,3 \\ \times\quad 4 \\ \hline 1\,2 \end{array}$$

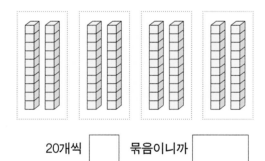

20개씩 [ ] 묶음이니까 [ ]

$$\begin{array}{r} 2\,3 \\ \times\quad 4 \\ \hline 1\,2 \\ 8\,0 \end{array}$$

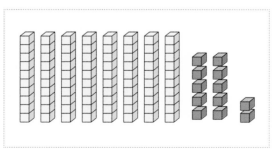

[ ] 에 80을 더하면

$$\begin{array}{r} 2\,3 \\ \times\quad 4 \\ \hline 1\,2 \\ 8\,0 \\ \hline \end{array}$$

② **53×3=**

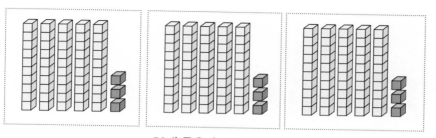

53개 묶음이 3개

$$
\begin{array}{r}
5\ 3 \\
\times\quad 3 \\
\hline
\end{array}
$$

3개씩 ☐ 묶음이니까 ☐

$$
\begin{array}{r}
5\ 3 \\
\times\quad 3 \\
\hline
9
\end{array}
$$

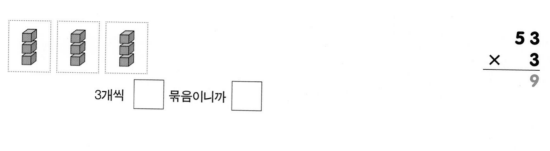

50개씩 ☐ 묶음이니까 ☐

$$
\begin{array}{r}
5\ 3 \\
\times\quad 3 \\
\hline
9 \\
1\ 5\ 0
\end{array}
$$

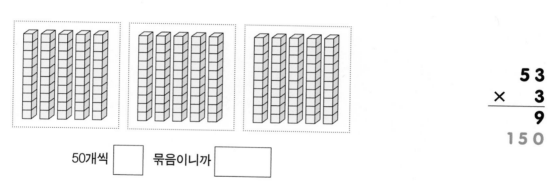

☐ 에 ☐ 을 더하면

$$
\begin{array}{r}
5\ 3 \\
\times\quad 3 \\
\hline
9 \\
1\ 5\ 0 \\
\hline
\end{array}
$$

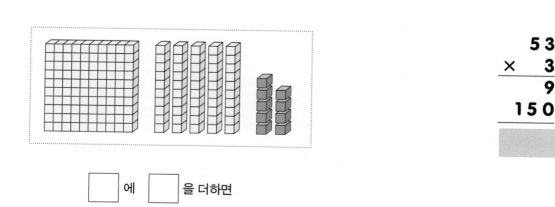

1 **31×4=**

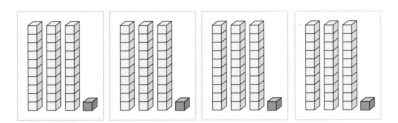

31개 묶음이 4개

$$\begin{array}{r} 31 \\ \times\ 4 \\ \hline \end{array}$$

1개씩 □ 묶음이니까 □

$$\begin{array}{r} 31 \\ \times\ 4 \\ \hline 4 \end{array}$$

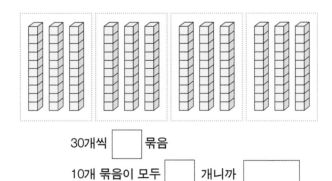

30개씩 □ 묶음

10개 묶음이 모두 □ 개니까 □

$$\begin{array}{r} 31 \\ \times\ 4 \\ \hline 4 \\ 120 \end{array}$$

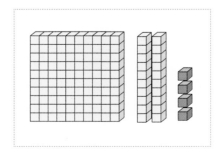

4에 □ 을 더하면

$$\begin{array}{r} 31 \\ \times\ 4 \\ \hline 4 \\ 120 \\ \hline \end{array}$$

❷ 124×3=

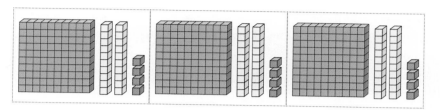

124개 묶음이 3개

$$\begin{array}{r} 1\ 2\ 4 \\ \times\qquad 3 \\ \hline \end{array}$$

4개씩 ☐ 묶음이니까 ☐

$$\begin{array}{r} 1\ 2\ 4 \\ \times\qquad 3 \\ \hline 1\ 2 \end{array}$$

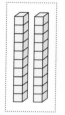 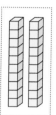 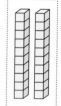

20개 씩 ☐ 묶음

10개 묶음이 모두 ☐ 개니까 ☐

$$\begin{array}{r} 1\ 2\ 4 \\ \times\qquad 3 \\ \hline 1\ 2 \\ 6\ 0 \end{array}$$

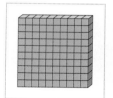 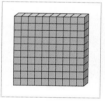 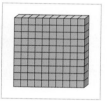

100개씩 ☐ 묶음이니까 ☐

$$\begin{array}{r} 1\ 2\ 4 \\ \times\qquad 3 \\ \hline 1\ 2 \\ 6\ 0 \\ 3\ 0\ 0 \end{array}$$

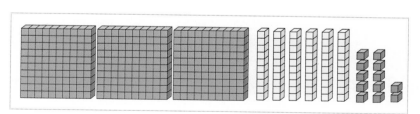

☐ 과 ☐ 과 ☐ 을 더하면

$$\begin{array}{r} 1\ 2\ 4 \\ \times\qquad 3 \\ \hline 1\ 2 \\ 6\ 0 \\ 3\ 0\ 0 \\ \hline \end{array}$$

2) 넓이 그림으로 갈라서 곱하기

선생님

오늘은 47×36을 세로셈으로 푸는 방법을 넓이 그림으로 설명해 줄게요.

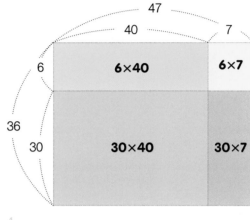

Guide 넓이 그림을 이용하여 갈라서 곱한 방법입니다. 각각의 직사각형을 더한 값이 큰 직사각형의 넓이와 같다는 점을 그림을 이용하여 지도해 주세요.

함께 하기 선생님처럼 넓이 그림을 이용하여 세로셈 문제를 풀어 봅시다.

❶ 57×33

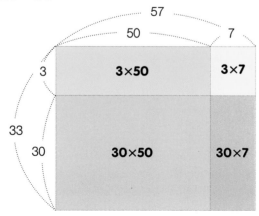

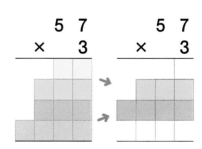

스스로 하기 넓이 그림을 이용하여 세로셈 문제를 풀어 보세요.

❶ 67×55

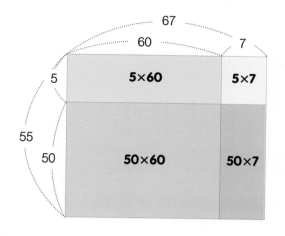

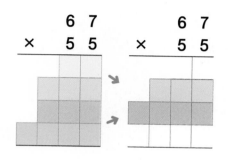

❷ 38×39

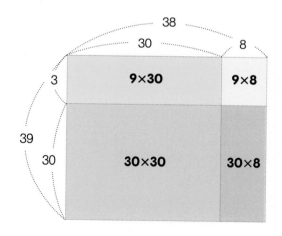

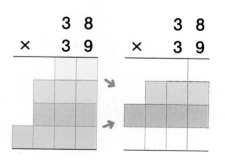

이해하기

선생님

아래 곱셈 식에서 잘못된 곳에 동그라미하고 고쳐 보세요.

20×4를 계산하고 나중에 28을 더해야 하는데, 20에 20을 더해 40을 만들어 4를 곱해서 160이 되어 버렸어요. 80+20=100이니까 6을 0으로 고쳐서 108이 되어야 해요.

하나

```
      2
    2 7
  ×   4
  1 ⑥ 8
    0
```

Guide 수 대화(number talk)를 통해 어떻게 오류를 고쳤는지 충분히 이야기할 수 있도록 지도해 주세요.

함께 하기   곱셈 식에서 잘못된 곳에 ◯ 표 되어 있습니다. 곱셈 식을 바르게 고쳐 봅시다

❶
```
    2
    3 4
  ×   6
  ③ 0 4
```

❷
```
    3
    4 5
  ×   7
  ④ ⑨ 5
```

❸
```
      2
      4 6
  ×   2 4
    1 8 4
  ① 0 2
  1 ② 0 4
```

❹
```
      2
      7 6
  ×   3 2
    1 5 2
  2 ④ 8
  2 ⑤ 3 2
```

곱셈 식에서 잘못된 곳이 있다면 ○ 하고 고쳐 보세요.

①

$$
\begin{array}{r}
1 \\
3\ 0\ 3 \\
\times\ 4 \\
\hline
1\ 2\ 0\ 2
\end{array}
$$

②

$$
\begin{array}{r}
1\ 2\ 0 \\
\times\ 5 \\
\hline
5\ 1\ 0
\end{array}
$$

③

$$
\begin{array}{r}
2 \\
3\ 3 \\
\times\ 1\ 5 \\
\hline
1\ 6\ 5 \\
4\ 3 \\
\hline
5\ 9\ 5
\end{array}
$$

④

$$
\begin{array}{r}
1\ 2\ 0 \\
\times\ 1\ 5 \\
\hline
2\ 1\ 0 \\
1\ 0\ 5\ 0 \\
\hline
1\ 2\ 6\ 0
\end{array}
$$

⑤

$$
\begin{array}{r}
4\ 3\ 3 \\
\times\ 2\ 1 \\
\hline
4\ 3\ 3 \\
8\ 6\ 6 \\
\hline
1\ 2\ 9\ 9
\end{array}
$$

⑥

$$
\begin{array}{r}
1 \\
5\ 2\ 4 \\
\times\ 3\ 4 \\
\hline
2\ 9\ 6 \\
1\ 5\ 7\ 2 \\
\hline
1\ 5\ 0\ 1\ 6
\end{array}
$$

이해하기

선생님

20×3을 빨간색으로, 10×6을 파란색으로 칠해 보세요.
어느 것이 더 큽니까?

20×3

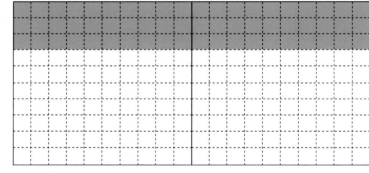

10×6

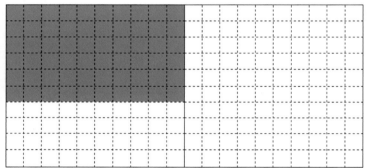

그림을 그려서 칸을 세어 보니 모두 60칸으로 같고,
파란색 점을 옮겨서 같다는 것을 확인할 수도 있어요.

토리

10×6

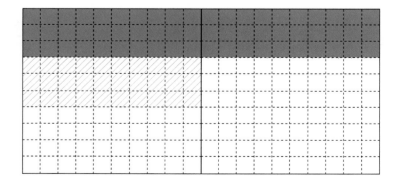

Guide   모눈종이를 갈라서 비교하면서 같다는 것을 지도할 수 있습니다.

토리처럼 칸을 색칠하며 곱셈 식을 비교해 봅시다.

1 **10×8**(빨간색), **20×4**(파란색)

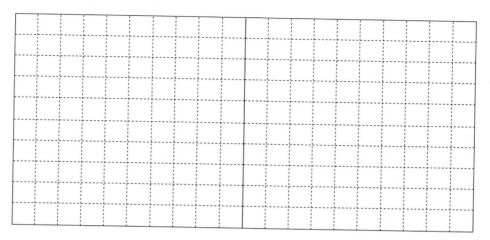

2 **10×6**(빨간색), **20×3**(파란색)

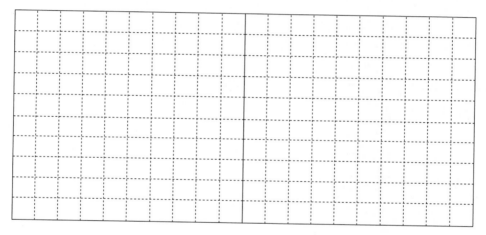

3 **12×8**(빨간색), **24×4**(파란색)

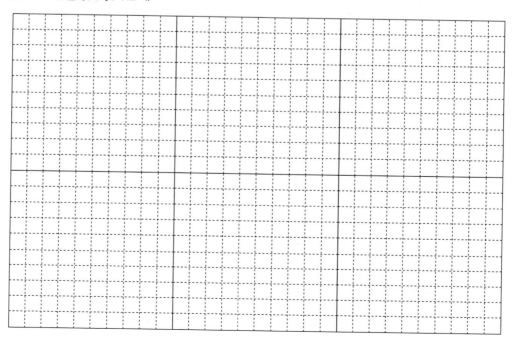

스스로 하기

주어진 곱셈 식만큼 칸을 색칠한 뒤, 곱셈 식을 비교해 보세요.

① **50×6**(빨간색), **25×12**(파란색)

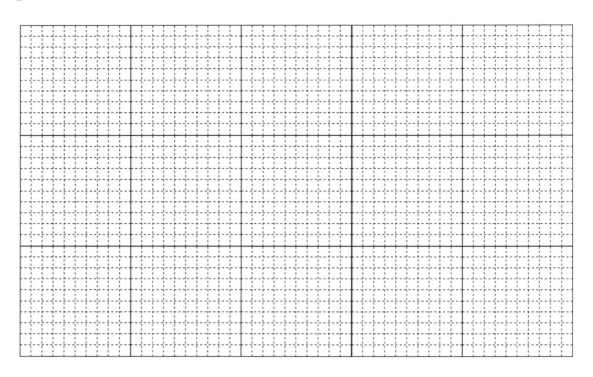

② **15×8**(빨간색), **30×4**(파란색)

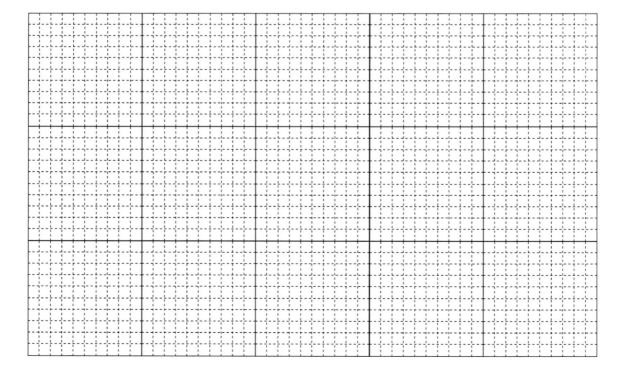

이해하기

 선생님

20×30을 빨간색으로, 20×29를 파란색으로 칠해 보세요.
얼마나 차이가 나나요?

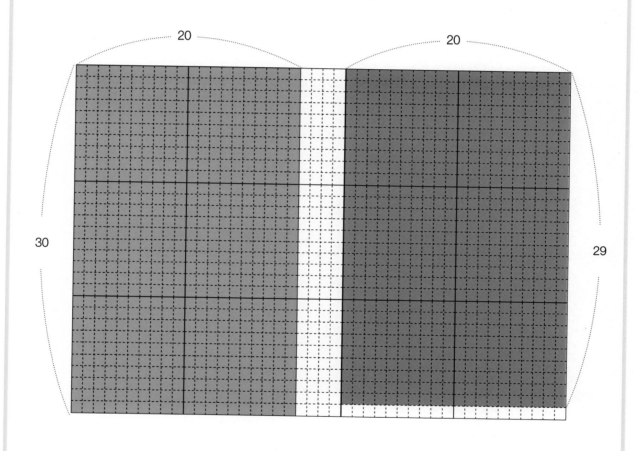

그림을 그려서 칸을 세어 보니
20×1만큼 차이가 난다는 것을 알 수 있어요.

 토리

Guide 네이버 '계산 자신감' 카페에서 모눈종이를 출력하여 사용하세요.

토리처럼 칸을 색칠하며 곱셈 식을 비교해 봅시다.

1 **25×40**(빨간색), **25×38**(파란색) ⇨ **25×40**에서 (☐ × ☐)만큼 차이가 나요.

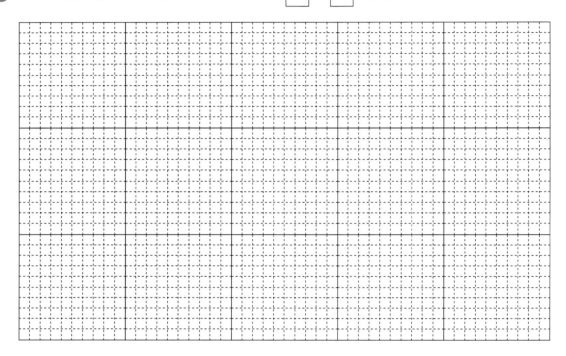

2 **30×20**(빨간색), **30×22**(파란색) ⇨ **30×20**에서 (☐ × ☐)만큼 차이가 나요.

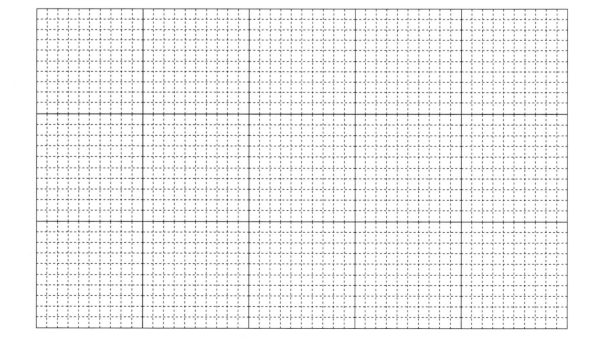

스스로 하기   주어진 곱셈 식만큼 칸을 색칠한 뒤, 곱셈 식을 비교해 보세요.

1 **40×30**(빨간색), **40×27**(파란색) ⇨ **40×30**에서 (☐ × ☐)만큼 차이가 나요.

이해하기

준비물 : 가리개

선생님

점이 20개만 보이도록 가리개 2개를 이용하여 점 배열을 가려 보세요.

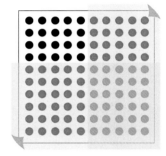

마루

곱셈 식으로 나타내 볼까요?

5×4입니다.

가리개를 이용하여 점 20개가 보이도록 다른 방법으로 나타낼 수 있나요?

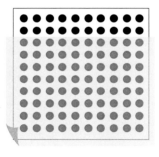

10×2입니다.

앞에서 찾은 방법과 어떤 관련이 있나요?

곱절의 절반이에요.

함께 하기   마루처럼 가리개 2개를 이용하여 곱셈 식을 나타내 봅시다.

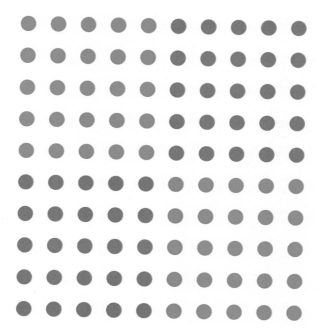

1 점이 24개만 보이도록 만들어 봅시다.

2 곱셈 식으로 나타내 봅시다.

3 곱셈 식이 어떤 관련이 있나요?

스스로 하기   위 그림을 가지고 주어진 수만큼 보이도록 가리개 2개를 이용하여 나타내 보고, 곱셈 식으로 적어보세요.

점 36개	6×6	점 49개
점 18개		점 48개
점 56개		점 35개
점 15개		점 25개
점 32개		점 81개
점 24개		점 16개
점 72개		점 45개
점 30개		점 10개
점 42개		점 54개

1 + 2 = ?

계산
자신감

나눗셈

A단계

나눗셈을 위한 수 세기

1. 보지 않고 묶음 세기
2. 보지 않고 몫 알아내기
3. 곱셈구구 이용 묶음 세기
4. 곱셈구구 이용 몫 알아내기

이해하기

준비물 : 2·3·4·5타일(부록번호420-423), 가리개(포스트잇)

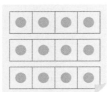
선생님

(보여 주지 않고 가리개로 가려 둔다.) 가리개 밑에 점이 4개씩 있는 카드가 몇 장 있습니다. 점이 모두 12개면, 카드의 장수는 모두 몇일까요?

3입니다.

마루

(가리개를 치운 뒤) 3이 맞습니다.

Guide 부록에 있는 점배열 카드를 이용하여 직접 해 보면서 확인할 수 있도록 지도해 주세요.
'세 개'라고 대답하지 않고 '삼'이라고 대답할 수 있게 질문해주세요.

함께 하기   마루처럼 가리개 밑에 있는 묶음의 개수를 맞춰 봅시다.

❶ 가리개 밑에 점이 3개씩 있는 카드가 몇 장 있습니다. 점이 모두 9개면, 카드의 장수는 모두 몇일까요?

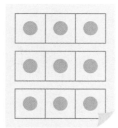

❷ 가리개 밑에 점이 5개씩 있는 카드가 몇 장 있습니다. 점이 모두 20개면, 카드의 장수는 모두 몇일까요?

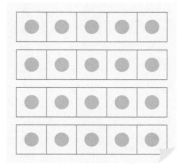

③ 가리개 밑에 점이 5개씩 있는 카드가 몇 장 있습니다. 점이 모두 35개면, 카드의 장수는 모두 몇일까요?

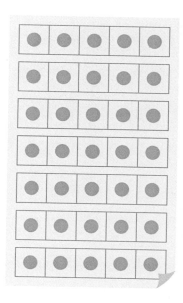

④ 가리개 밑에 점이 2개씩 있는 카드가 몇 장 있습니다. 점이 모두 16개면, 카드의 장수는 모두 몇일까요?

⑤ 가리개 밑에 점이 3개씩 있는 카드가 몇 장 있습니다. 점이 모두 21개면, 카드의 장수는 모두 몇일까요?

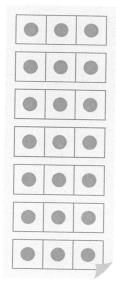

⑥ 가리개 밑에 점이 4개씩 있는 카드가 몇 장 있습니다. 점이 모두 32개면, 카드의 장수는 모두 몇일까요?

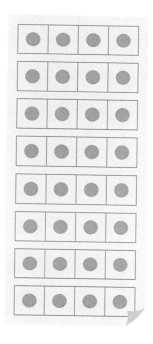

2. 보지 않고 몫 알아내기

이해하기

준비물 : 2·3·4·5타일(부록번호420-423), 가리개(포스트잇)

선생님

(보여 주지 말고 가린다.) 가리개 밑에 카드가 7장 있고, 점은 모두 14개입니다. 카드의 점의 개수는 몇일까요?

마루

2입니다.

선생님

(가리개를 치운다.) 2씩 7이라 점이 모두 14가 맞네요.

Guide 카드를 보지 않고 몇 개씩 몇 장이 되어야 하는지 스스로 생각할 수 있도록 지도해 주세요.

함께 하기   마루처럼 가리개 밑에 있는 묶음의 크기를 맞춰 봅시다.

❶ 가리개 밑에 카드가 3장 있고, 점이 모두 15개입니다. 카드의 점의 개수는 몇일까요?

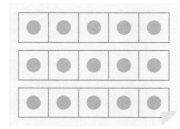

2 가리개 밑에 카드가 4장 있고, 점의 개수가 16 입니다. 카드의 점의 개수는 모두 몇일까요?

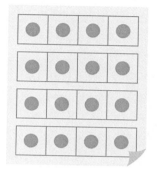

3 가리개 밑에 카드가 9장 있고, 점의 개수는 18 입니다. 카드의 점의 개수는 몇일까요?

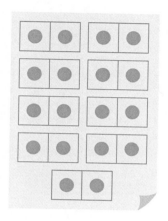

4 가리개 밑에 카드가 6장 있습니다. 점이 모두 24개면 카드의 점의 개수는 모두 몇일까요?

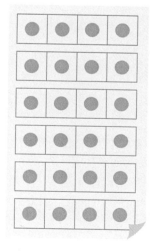

5 가리개 밑에 카드가 6장 있습니다. 점이 모두 18개면 점의 개수는 모두 몇일까요?

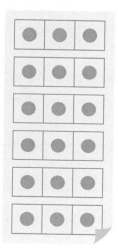

3. 곱셈구구 이용 묶음 세기

이해하기

준비물 : 가리개(포스트잇)

선생님

(잠깐 보여 주고 맨 윗줄만 남기고 가린다.) 점의 개수가 20이면, 줄의 수는 몇일까요?

 ⇒

모두 5입니다.

마루

(잠깐 보여 주고 맨 윗줄만 남기고 가린다.) 점의 개수는 12입니다.
그렇다면 줄의 수는 모두 몇일까요?

 ⇒

Guide 아래 점배열을 포스트잇으로 가리면서 지도하시면 됩니다.

함께 하기

선생님께서 잠깐 보여 주시는 배열을 보고, 줄의 수가 모두 몇인지 말해 봅시다.

❶ 점이 모두 24개입니다. 줄의 수는 몇일까요?

❷ 점이 모두 12개입니다. 줄의 수는 몇일까요?

3 점이 모두 21개입니다. 줄의 수는 몇일까요?

4 점이 모두 20개입니다. 줄의 수는 몇일까요?

5 점이 모두 16개입니다. 줄의 수는 몇일까요?

6 점이 모두 9개입니다. 줄의 수는 몇일까요?

7 점이 모두 32개입니다. 줄의 수는 몇일까요?

8 점이 모두 28개입니다. 줄의 수는 몇일까요?

4. 곱셈구구 이용 몫 알아내기

이해하기

준비물 : 가리개(포스트잇)

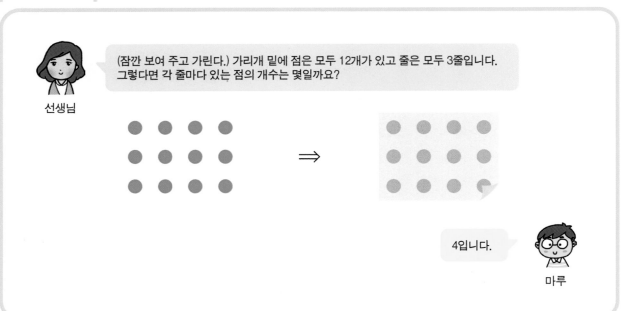

선생님: (잠깐 보여 주고 가린다.) 가리개 밑에 점은 모두 12개가 있고 줄은 모두 3줄입니다. 그렇다면 각 줄마다 있는 점의 개수는 몇일까요?

마루: 4입니다.

함께 하기

아래 그림을 보고 점이 모두 몇 줄인지 말해 봅시다.

❶ 점이 모두 32개 있고, 줄은 모두 4줄입니다. 그렇다면 각 줄마다 있는 점의 개수는 몇일까요?

❷ 점이 모두 16개 있고, 줄은 모두 4줄입니다. 그렇다면 각 줄마다 있는 점의 개수는 몇일까요?

3 점이 모두 10개 있고, 줄은 모두 2줄입니다.
그렇다면 각 줄마다 있는 점의 개수는 몇일까요?

4 점이 모두 36개 있고, 줄은 모두 6줄입니다.
그렇다면 각 줄마다 있는 점의 개수는 몇일까요?

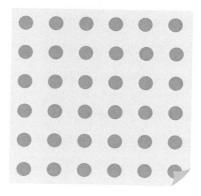

5 점이 모두 48개 있고, 줄은 모두 6줄입니다.
그렇다면 각 줄마다 있는 점의 개수는 몇일까요?

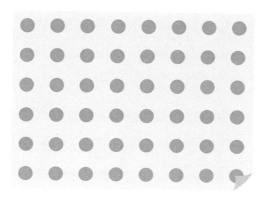

6 점이 모두 24개 있고, 줄은 모두 8줄입니다,
그렇다면 각 줄마다 있는 점의 개수는 몇일까요?

B단계

나눗셈 감각

이해하기

선생님

> 하람이와 나래에게 공평하게 사과 10개를 나누어 주려고 합니다.
> 몇 개씩 나누어 줄 수 있을까요? 먼저, 2개씩 나눠 줘 볼까요?

> 2개씩 나눠 주면 6개가 남아요.

하나

> 3개씩 나눠 줘 보세요.

> 3개씩 나눠 주면 4개가 남아요.

> 4개씩 나눠 줘 보세요.

> 4개씩 나눠 주면 2개가 남아요.

> 5개씩 나눠 줘 보세요.

> 5개씩 나눠 가질 수 있어요.

Guide   바둑돌을 직접 나눠 보면서 지도하실 수 있습니다.

그림을 보고, 하나처럼 공평하게 나눠 줘 봅시다.

두리   보배   새나

1 아이 3명에게 햄버거 12개를 똑같이 나누어 주려고 합니다. 2개씩 나눠 주면 어떻게 되나요?

2 3개씩 나눠 줘 보세요. 어떻게 되었나요?

3 4개씩 나눠 줘 보세요. 어떻게 되었나요?

4 5개씩 나눠 줘 보세요. 어떻게 되었나요?

스스로 하기   문장을 읽고, 공평하게 나눠 보세요.

보배   두리

1 아이 2명이서 햄버거 14개를 똑같이 나눠 가지려면
➡ (   )개씩 나눠 가진다.

 B단계 2. 짧은 묘사 → 그림

이해하기

선생님: 8개를 2개씩 나눠 담는 것을 그림으로 표현해 보세요.

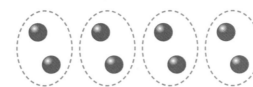

하나

선생님: 8개를 3개씩 나눠 담는 것을 그림으로 표현해 보세요.

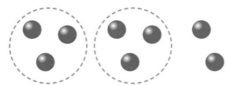

2묶음이 되고 2개가 남아요.

Guide 바둑돌을 직접 나눠 보면서 지도하실 수 있습니다.

함께 하기 하나처럼 묶음을 지으며 문제를 풀어 봅시다.

1 15개를 3개씩 묶음 짓기

2 12개를 5개씩 나누기

스스로 하기   하나처럼 문제를 풀어보세요.

1 21개를 3개씩 나누어 주기

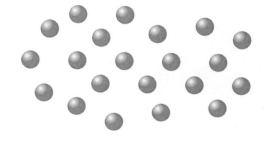

2 14개를 7개씩 나누어 주기

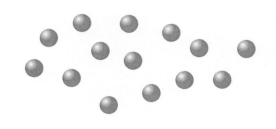

3 16개를 4개씩 묶음 짓기

4 25개를 5개씩 묶음 짓기

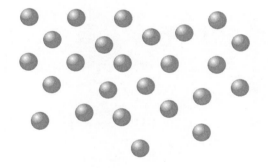

5 18개를 5개씩 묶음 짓기

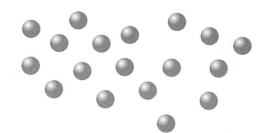

6 20개를 6개씩 묶음 짓기

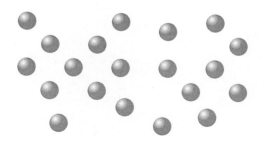

B단계 3. 그림 → 단계적 짧은 묘사

이해하기

 선생님
사과 6개를 3명에게 나눠 줘 볼까요?

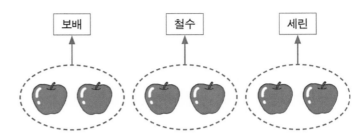 보배　철수　세린

이렇게 2개씩 나눠 주면 돼요.
하나

이 그림은 식으로 이렇게 바꿀 수 있어요.
사과가 모두 6개 있습니다.　　　　　→ 6
사과를 한 사람당 2개씩 나눠 주면　→ 6÷2
3명에게 나누어 줄 수 있습니다.　　→ 6÷2=3

이번엔 100칸 네모를 30개씩 칠하면 어떻게 될까요?

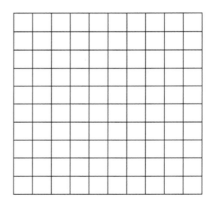

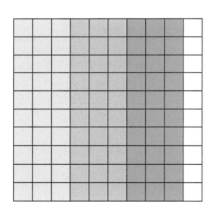

30개씩 칠하다 보면 3번 칠하고 10칸이 남아요.

이번에는 식으로 이렇게 바꿀 수 있어요.
네모 칸이 모두 100개 있습니다.　　　→ 100
30개씩 칠하다 보면　　　　　　　　→ 100÷30
모두 3번 칠하고 10칸이 남습니다.　→ 100÷30=3…10

Guide　다양한 상황을 나눗셈 식으로 단계적으로 나타낼 수 있도록 지도해 주세요.

1 사과가 모두 20개 있습니다.   → (   )

사과를 4사람에게 골고루 나누어 주면   → (   )

5개씩 돌아갑니다.   → (   )

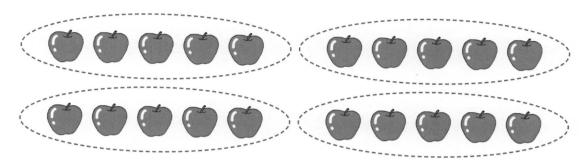

2 네모 칸은 모두 200개 있습니다.   → (   )

40개짜리 네모 묶음이 몇 개 들어 있는지 보니 → (   )

5개가 들어 있습니다.   → (   )

3 하람은 나래보다 사탕을 5배 많이 가지고 있습니다.   → (   )

하람의 사탕이 20개라면   → (   )

나래의 사탕은 4개입니다.   → (   )

하람의 사탕(20)				
나래	나래	나래	나래	나래

스스로 하기 다음 그림을 나눗셈 식으로 나타내 봅시다.

1 네모 칸은 모두 200개 있습니다. → (   )
　　 30개짜리 네모 묶음이 몇 개 들어 있는지 보니 → (   )
　　 6묶음이 들어가고 20칸이 남습니다. → (   )

2 하람은 새나보다 사탕을 4배 많이 가지고 있습니다. → (   )
　　 하람의 사탕이 40개라면 → (   )
　　 새나의 사탕은 10개입니다. → (   )

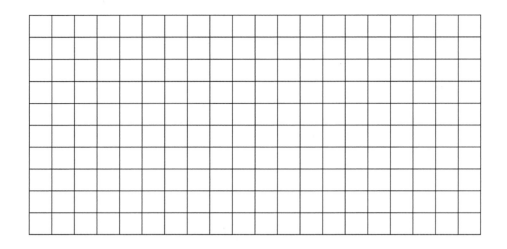

하람의 사탕(40)			
새나	새나	새나	새나

3 하람은 새나보다 사탕을 6배 많이 가지고 있습니다. → (   )
　　 하람의 사탕이 30개라면 → (   )
　　 새나의 사탕은 5개입니다. → (   )

하람의 사탕(30)				
새나	새나	새나	새나	새나

4 마루는 보배보다 책을 5배 많이 가지고 있습니다. → ( )
마루의 책이 35권이라면 → ( )
보배의 책은 7권입니다. → ( )

마루의 책(35)				
보배	보배	보배	보배	보배

5 마루는 보배보다 책을 6배 많이 가지고 있습니다. → ( )
마루의 책이 48권이라면 → ( )
보배의 책은 8권입니다. → ( )

마루의 책(48)					
보배	보배	보배	보배	보배	보배

더 알아보기 | 나눗셈 기호 알아보기

선생님

바둑돌 6개를 똑같이 나눠봅시다.

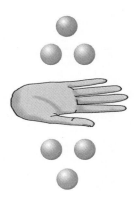

이렇게 손으로 반을 나누는 느낌을 나타낸 기호가 ÷ 입니다.

이해하기

선생님

15÷3=5를 이렇게 그림으로 나타냈어요. 어떤 상황인지 얘기해 볼까요?

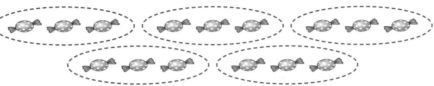

15개를 3개씩 나누면 5명에게 줄 수 있어요.

하나

이번엔 15÷3=5를 이렇게 그림으로 나타냈어요. 어떤 상황인지 얘기해 볼까요?

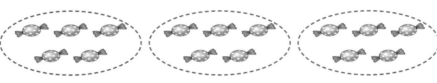

15개를 3명에게 나눠 주면 5개씩 받게 돼요.

〈보기〉를 윗줄부터 손가락으로 가리키면서 읽어 봅시다.

〈보기〉

15	÷	3	=	5
나눠지는 수 (전체)		나누는 수		몫
15개를		3개씩 나누면		5명에게 줄 수 있다.
15개를		3명에게 나눠 주면		5개씩 받게 된다.
15 나누기 3은 5				

Guide 나눗셈 식에서 제수와 피제수가 의미하는 것이 무엇인지 스스로 알 수 있도록 지도해 주세요.

나눗셈 식을 잘 설명하도록 표의 빈칸을 채워 봅시다.

① **18÷6=3**

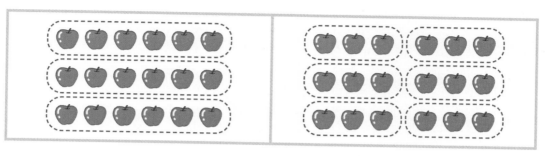

18	÷	6	=	3
나눠지는 수 (전체)				몫
18개를				3명에게 줄 수 있다.
18개를				3개씩 받게 된다.
( ) 나누기 ( )은 ( )				

② **10÷2=5**

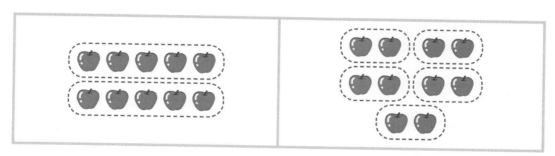

10	÷	2	=	5
나눠지는 수 (전체)		나누는 수		
10개를		2개씩 나누면		
10개를		2명에게 나눠 주면		
( ) 나누기 ( )은 ( )				

다음을 그림을 나눗셈 식으로 나타내 봅시다.

① 24÷6

	÷		=	
나눠지는 수 (전체)		나누는 수		몫
( )개를		( )개씩 나누면		( )명에게 줄 수 있다.
( )개를		( )명에게 나눠 주면		( )개씩 줄 수 있다.
( ) 나누기 ( )은 ( )				

② 36÷6

	÷		=	
나눠지는 수 (전체)		나누는 수		몫
( )개를		( )개씩 나누면		( )명에게 줄 수 있다.
( )개를		( )명에게 나눠 주면		( )개씩 줄 수 있다.
( ) 나누기 ( )은 ( )				

③ 42÷7

	÷		=	
나눠지는 수 (전체)		나누는 수		몫
( )개를		( )개씩 나누면		( )명에게 줄 수 있다.
( )개를		( )명에게 나눠 주면		( )개씩 줄 수 있다.
( ) 나누기 ( )은 ( )				

4 48÷8

나눠지는 수 (전체)	÷	나누는 수	=	몫
( )개를		( )개씩 나누면		( )명에게 줄 수 있다.
( )개를		( )명에게 나눠 주면		( )개씩 줄 수 있다.
( ) 나누기 ( )은 ( )				

5 45÷5

나눠지는 수 (전체)	÷	나누는 수	=	몫
( )개를		( )개씩 나누면		( )명에게 줄 수 있다.
( )개를		( )명에게 나눠 주면		( )개씩 줄 수 있다.
( ) 나누기 ( )는 ( )				

6 72÷9

나눠지는 수 (전체)	÷	나누는 수	=	몫
( )개를		( )개씩 나누면		( )명에게 줄 수 있다.
( )개를		( )명에게 나눠 주면		( )개씩 줄 수 있다.
( ) 나누기 ( )는 ( )				

이해하기

선생님

24개를 6명에게 나눠 준다는 것을 어떻게 식으로 나타낼 수 있나요?

24÷6입니다.

하나

24개를 6명에게 나눠 주면 4개씩 받게 되네요.
이번엔 어떻게 식으로 나타낼 수 있을까요?

24÷6=4입니다.

함께 하기

하나처럼 나눗셈을 표현하는 문장을 나눗셈 식으로 바꿔 봅시다.

1 학생 28명이 두 팀으로 나누어 축구를 하면?

	÷	

2 12개를 4개씩 묶으면?

	÷	

3 하루에 4시간씩 20시간을 공부하면 며칠을 공부한 것일까요?

	÷		=	

4 15개를 5명에게 나눠주면 3개씩 갖습니다.

	÷		=	

스스로 하기 나눗셈을 표현하는 문장을 나눗셈 식으로 바꿔 보세요.

1 학생 16명이 두 팀으로 나누어 축구를 하면?

	÷	

2 5를 4배하면 20입니다.

	÷		=	

3 5를 6배하면 30입니다.

	÷		=	

4 6에 5를 곱하면 30입니다.

	÷		=	

5 사과 48개씩 6개를 나누면 8명에게 나눠 줄 수 있습니다.

	÷		=	

6 연필 72개를 8명에게 나눠 주면 9개씩 나눠 줄 수 있습니다.

	÷		=	

7 색종이 30장을 5장씩 묶으면 6묶음이 됩니다.

	÷		=	

8 하루에 2시간씩 10시간을 공부하면 5일을 공부한 것입니다.

	÷		=	

이해하기

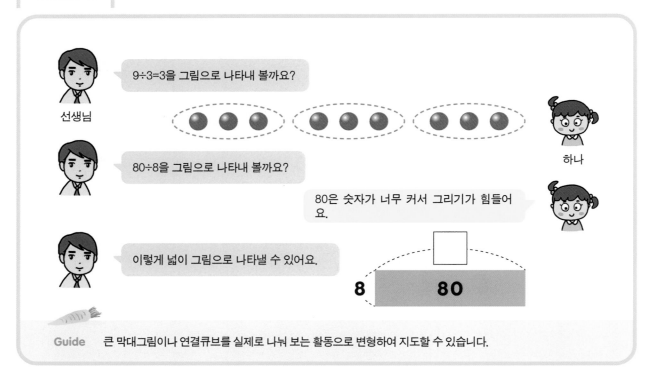

선생님: 9÷3=3을 그림으로 나타내 볼까요?

선생님: 80÷8을 그림으로 나타내 볼까요?

하나: 80은 숫자가 너무 커서 그리기가 힘들어요.

선생님: 이렇게 넓이 그림으로 나타낼 수 있어요.

8   80

Guide 큰 막대그림이나 연결큐브를 실제로 나눠 보는 활동으로 변형하여 지도할 수 있습니다.

함께 하기
하나처럼 나눗셈을 표현하는 적당한 그림을 그려 봅시다.

1 12÷3=4

2 100÷20=5

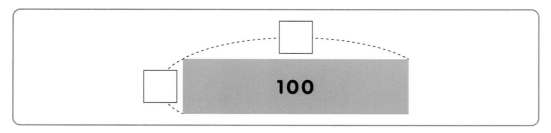

100

스스로 하기 나눗셈을 표현하는 그림을 그려 보세요.

1 24÷6=4

2 16÷5=3···나머지 1

3 30÷7=4···나머지 2

4 100÷25=4

5 200÷40=5

이해하기

선생님

연필이 14개가 있는데 2개씩 고무줄로 묶기로 하였습니다.
몇 묶음이 생기는지 알고 싶다면 나눗셈 식으로 어떻게 나타내면 되나요?

14÷2=7이니까 7묶음입니다.

하나

함께 하기   하나처럼 이야기를 나눗셈 식으로 나타내 봅시다.

① 체리가 20개 있는데, 아이들에게 5개씩 골고루
남김없이 나누어 주었습니다. 몇 명의 아이들이
체리를 받았을까요?

	÷		=	

② 초콜릿 상자 안에 초콜릿이 4개씩 들어 있습니
다. 초콜릿이 모두 12개가 있다면 상자는 원래
몇 개일까요?

	÷		=	

③ 오렌지가 15개 있는데 3사람에게 골고루 나누
어 주려고 합니다. 한 사람당 몇 개씩 받을 수 있
을까요?

	÷		=	

스스로 하기 다음 문장을 나눗셈 식으로 나타내 보세요.

1 어린이가 18명 있는데 두 팀으로 나누어 축구를 하려고 합니다. 한 팀당 몇 명씩일까요?

	÷		=	

2 책이 20권 있는데 4명의 아이에게 골고루 나누어 주려고 합니다. 각자 몇 권씩 받을 수 있을까요?

	÷		=	

3 보배는 하나보다 사탕을 3배 많이 가지고 있습니다. 보배의 사탕이 18개라면 하나의 사탕은 몇 개일까요?

	÷		=	

4 보배는 하나보다 사탕을 7배 많이 가지고 있습니다. 보배의 사탕이 28개라면 하나의 사탕은 몇 개일까요?

	÷		=	

5 어떤 수에 5를 곱하면 35가 된다고 합니다. 어떤 수를 구해 보세요.

	÷		=	

6 7에 어떤 수를 곱하면 49가 된다고 합니다. 어떤 수를 구해 보세요.

	÷		=	

7 어떤 수에 8을 곱하면 48이 된다고 합니다. 어떤 수를 구해 보세요.

	÷		=	

8 6에 어떤 수를 곱하면 36이 된다고 합니다. 어떤 수를 구해 보세요.

	÷		=	

이해하기   1) 포함전략으로 나눗셈 감각 익히기

선생님

초록 종이띠에는 노란 종이띠가 몇 개나 들어갈까요?

3번 들어갈 것 같아요.

마루

함께 하기   마루처럼 문제를 풀어 봅시다.

1 초록 종이띠에는 노란 종이띠가 몇 개나 들어갈까요?

2 초록 종이띠에는 노란 종이띠가 몇 개나 들어갈까요?

3 초록 종이띠에는 노란 종이띠가 몇 개나 들어갈까요?

선생님

네모 칸은 모두 몇 개인가요?

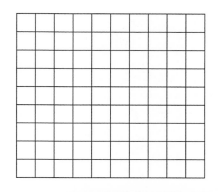

10칸씩 9줄이라 90개예요.

마루

30개만 칠해 보세요.

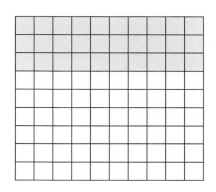

30개씩 몇 번 칠해야 다 채울 수 있나요?

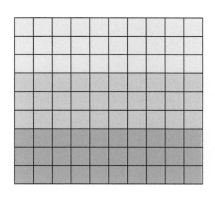

30개씩 3번을 칠하면 돼요.

식으로 나타내면 어떻게 될까요?

90÷30=3입니다.

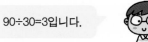

함께 하기 마루처럼 네모 칸을 채우면서 나눗셈 문제를 풀어 봅시다.

①

- 네모 칸은 모두 몇 개인가요?
- 40개만 칠해 보세요. 40개씩 몇 번 칠해야 다 채울 수 있나요?
- 40개짜리가 몇 개 들어 있나요?
- 200÷40은 얼마인가요?

②

- 3칸만 칠해 보세요. 3개씩 몇 번 칠해야 다 채울 수 있나요?
- 46÷3은 얼마인가요?

스스로 하기 네모 칸을 칠하면서 나눗셈을 풀어 보세요.

1 150÷25

2 270÷30

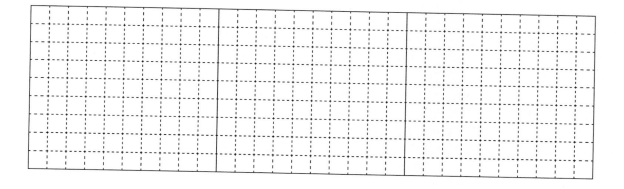

3 270÷90

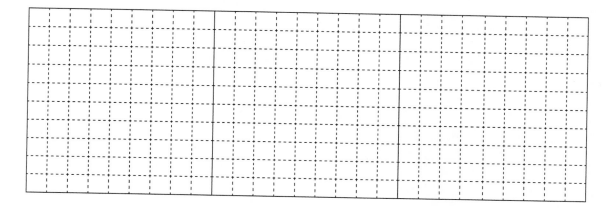

이해하기 1) 나눗셈 식과 어울리는 점배열 찾기 준비물 : 2·3·4·5타일(부록번호419-422)

4×5=20과 관련 있는 나눗셈 식은 무엇이 있나요?

선생님

$20 \div 4 = 5$
$20 \div 5 = 4$

마루

어떻게 알 수 있었나요?

이렇게 그림을 그려 봤어요.

4개씩 5묶음   5개씩 4묶음

함께 하기 마루처럼 곱셈과 나눗셈의 관계를 점배열로 알아봅시다.

① 8×5=40

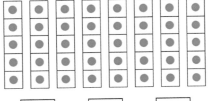

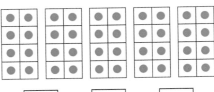

☐ ÷ ☐ = ☐   ☐ ÷ ☐ = ☐

② 6×4=24

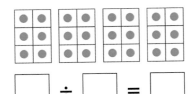

☐ ÷ ☐ = ☐   ☐ ÷ ☐ = ☐

2) 넓이 그림으로 곱셈과 나눗셈 관계 알기

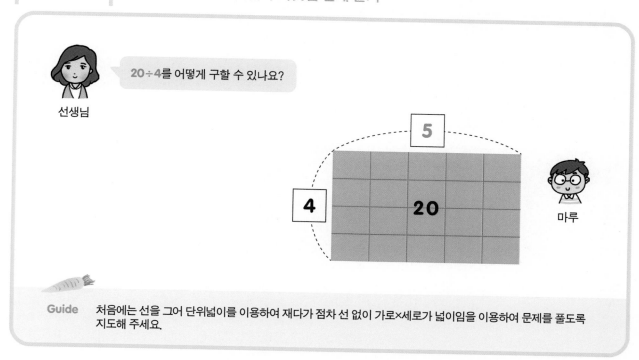

20÷4를 어떻게 구할 수 있나요?

선생님

마루

Guide 처음에는 선을 그어 단위넓이를 이용하여 재다가 점차 선 없이 가로×세로가 넓이임을 이용하여 문제를 풀도록 지도해 주세요.

함께 하기 마루처럼 곱셈과 나눗셈의 관계를 넓이 그림으로 알아봅시다.

❶ 32÷4

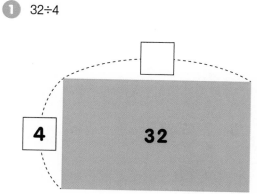

❷ 24÷4

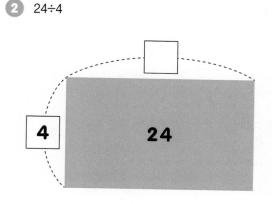

❸ 64÷4

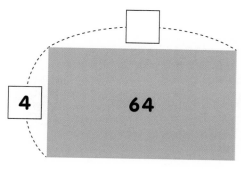

❹ 35÷7

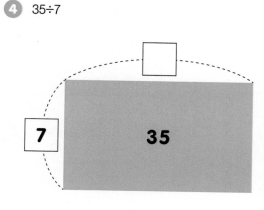

이해하기

준비물 : 100모형, 10모형, 1모형(부록번호 70-110)

선생님

763÷5를 수모형으로 어떻게 표현할 수 있을지 차례대로 알아 봅시다.
먼저 100모형을 5칸에 나눠 볼까요?

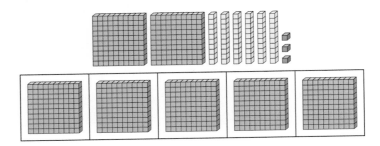

100모형 7개 중에 500개를 칸마다 1개씩 나눠 줬어요.

하나

칸에 100모형이 1개씩 들어가니까 이렇게 식으로 나타낼 수 있어요.
이번엔 남은 100모형을 10모형 20개로 바꿔서 60개랑 더해 봅시다.

```
      1
  ____
5 ) 7 6 3
    5
  ____
    2 6
```

모두 260개
가
됐어요.

100모형을 없앤 것을 이렇게 표현할 수 있어요.
이번엔 10모형을 5칸에 나눠 봅시다.

```
      1
  ____
5 ) 7 6 3
    5
  ____
    2 26
```

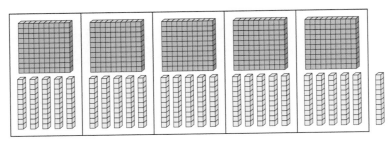

260에서 10모형 25개를 각각 5개씩 나눠 주고 10이 남았어요.

이렇게 2가지 방법으로 표현할 수 있어요. 이번엔 남은 10모형을 낱개모형으로 바꾸고 남은 낱개모형 3개와 더한 뒤에, 5칸에 나눠 봅시다.

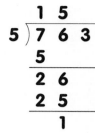

```
      1 5              1 5
  5 ) 7 6 3        5 ) 7 6 3
      5                5
      2 6              2 26
      2 5               25
        1                1
```

13개를 2개씩 5칸에 나누면 3이 남아요.
763÷5=152…3입니다.

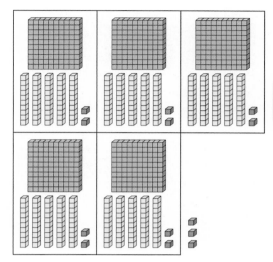

 이렇게 2가지 방법으로 표현할 수 있어요.

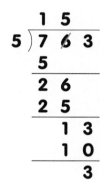

```
      1 5              1 5
  5 ) 7 6 3        5 ) 7 6 3
      5                5
      2 6              2 26
      2 5               25
        1 3              13
        1 0              10
          3               3
```

함께 하기 수모형으로 직접 나눠 보면서 나눗셈 식을 단계적으로 적어 봅시다.

❶

```
     1              1              1
 4 ) 7 8 1      4 ) 7 8 1      4 ) 7 8 1
     4              4              4
     3 0            3 0            3 0
                    2 8            2 8
                      2            2 1
                                   2 0
                                     1
```

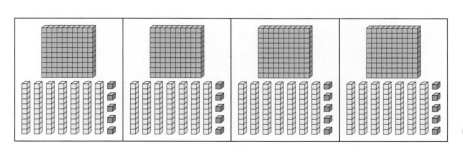

❶

```
     2 ▨              2 ▨              2 ▨ ▨
 4 ) 8 2 1        4 ) 8 2 1        4 ) 8 2 1
     8                8                8
     2 1              2                2
                      0                0
                      2                2 1
                                       2 0
                                         1
```

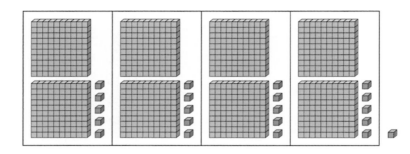

❷

```
     1 ▨              1 ▨              1 ▨ ▨
 5 ) 6 7 9        5 ) 6 7 9        5 ) 6 7 9
     5                5                5
     1 7              1 7              1 7
                      1 5              1 5
                        2 9              2 9
                                         2 5
                                           4
```

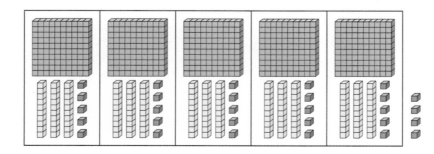

선생님

15÷3=5을 나눗셈 이야기로 어떻게 표현할 수 있나요?

점 15개를 3명에게 나눠주면 5개씩 나눠줄 수 있습니다.

하나

이렇게 나눗셈 이야기를 식으로 나타낼 수 있어요.

다시 한 번 그림이 없는 식으로 나타내면 이렇게 표현할 수 있습니다.

$$3\overline{)15}\;^{5}$$

이번에는 [점 12개를 4명에게 나눠주면 3개씩 나눠줄 수 있습니다.] 라는
나눗셈이야기를 직접 식으로 표현해보세요.

$$4\overline{)12}\;^{3}$$

이해하기

선생님

아래 나눗셈 식에서 잘못된 곳에 동그라미하고 고쳐 보세요.

```
      1 ⑥
  4 ) 5 2
      4
      1 2
      1 2 0
          0
```

4가 3번 있어야 12가 되는데, 6번 들어갔다고 되어 있어요.
6을 3으로 고쳐야 해요.

하나

Guide　수 대화(number talk)를 통해 어떻게 오류를 고쳤는지 충분히 이야기할 수 있도록 지도해 주세요.

함께 하기　나눗셈 식에서 틀린 부분이 있는지 찾아서 ○표 하고 바르게 고쳐 봅시다.

❶
```
         3 1
    16 ) 3 8
         3
         8
         6
         2
```
⇒ 16) 3 8

❷
```
         3 9
     7 ) 8 4
         6 3
         2 1
         2 1
           0
```
⇒ 7) 8 4

❸
```
         5 2
    16 ) 3 1 2
         3 0
         1 2
         1 2 0
             0
```
⇒ 16) 3 1 2

❹
```
          1 7 1
     36 ) 8 1 4
          6
          2 1 4
          2 1
              4
              3
              1
```
⇒ 36) 8 1 4

1
```
        4…0
  15 ) 6 7        ⟹   15 ) 6 7
       6 0
         7
         7
         0
```

2
```
         2 1
   4 ) 8 0 0       ⟹   4 ) 8 0 0
       8
         4
         4
```

3
```
         8 8
  40 ) 3 5 2       ⟹   40 ) 3 5 2
       3 2
         3 2
         3 2
           0
```

4
```
           1
  45 ) 5 7 6       ⟹   45 ) 5 7 6
         4 5
       5 3 1
```

5
```
        5 8 0  …14
  17 ) 1 0 0 0     ⟹   17 ) 1 0 0 0
       8 5
         1 5 0
         1 3 6
             1 4
```

6
```
         2
   4 ) 8 0         ⟹   4 ) 8 0
       8
       0
```

7
```
        1 4
   6 ) 8 7         ⟹   6 ) 8 7
       6
       2 7
       2 4
         2
```

8
```
         2 1
   4 ) 8 0 4       ⟹   4 ) 8 0 4
       8
         4
         4
         0
```

이해하기

선생님

200÷8은 얼마인가요? 100÷4는 얼마인가요? 50÷2는 얼마인가요?
각각의 답만큼 색칠하여 알아 봅시다.

200÷8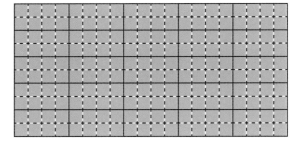

100÷4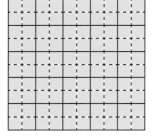

50÷2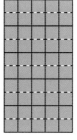

그림을 그려서 칸을 세어 보니 모두 25번 들어간다는 것을 확인할 수 있었어요.
모두 답이 25로 같아요.

하나

함께 하기   주어진 나눗셈 식만큼 색을 칠한 뒤, 나눗셈 식을 비교해 봅시다.

1 360÷18(빨간색), 180÷9(파란색), 60÷3(초록색)을 각각 색칠하며 알아봅시다.

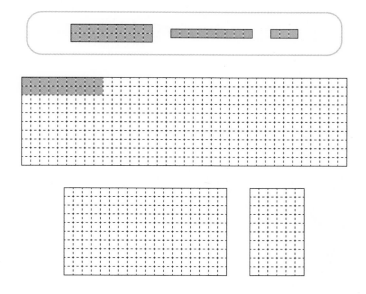

2 600÷30(빨간색), 300÷15(파란색), 200÷10(초록색), 100÷5(노란색)를 각각 색칠하며 알아봅시다.

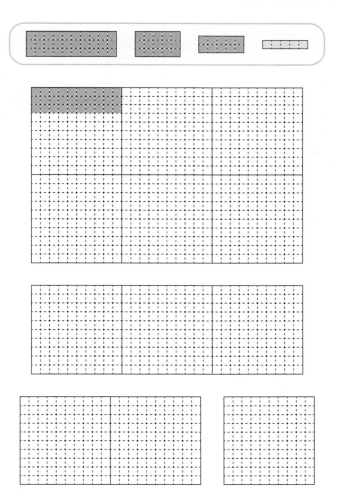

스스로 하기 주어진 곱셈 식만큼 칸을 색칠한 뒤, 나눗셈 식을 비교해 보세요.

1 **900÷20**(빨간색), **450÷10**(파란색)을 각각 그림에 나타내 보세요.

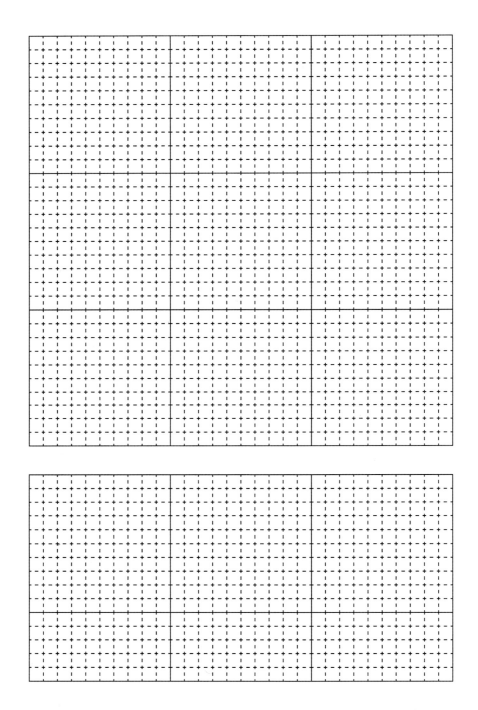

2 **720÷18**(빨간색), **360÷9**(파란색)를 각각 그림에 표시해 보세요.

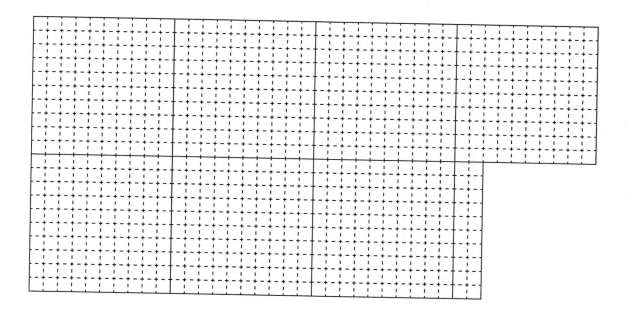

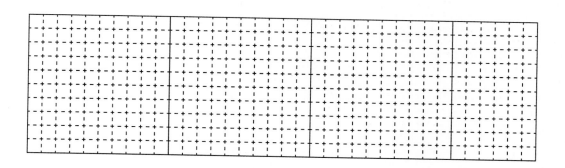

3 **768÷32**(빨간색), **384÷16**(파란색)을 각각 그림으로 표시해 보세요.

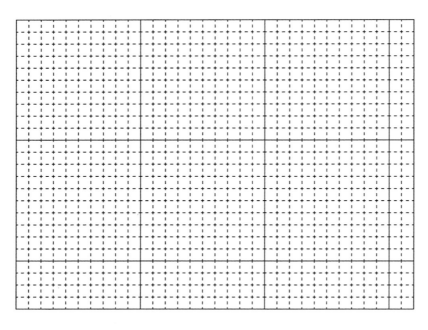

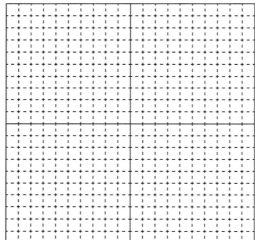

C단계

짧은 나눗셈

전략 소개

선생님

> 56 ÷ 8은 얼마인가요?
> 어떻게 알았는지 친구들과 이야기해 봅시다.

① 한 명씩 나누어 주기

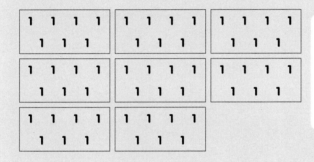

> 저는 56을 8로 나누는 문제를 56개를 8명에게 나누어 주는 상황으로 생각했어요.
>
> 네모를 8개 그린 다음 1개씩 나누어 주다 보니 각자 7번 나누어 줄 수 있어요.
> 답은 7이에요.

보배

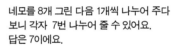

> 보배랑 같이 생각했는데 2개씩 나누어 주는 것이 더 빠를 것 같아서 2개씩 나누어 주었어요. 답은 7이에요.

새나

② 연속 빼기

나래

> 56에 8이 몇 개나 들어있는지 알아 보는 상황으로 생각했어요.
> 그래서 56에서 8을 빼 보았더니 7번 뺐을 때 나머지가 0이었어요.
> 답은 7이에요.

$$56-8-8-8-8-8-8-8=0$$

③ 곱해 올라가기

8×2=16
8×4=32
8×6=48
8×7=56

나래처럼 56에 8이 몇 개나 들어 있는지 알아보는 상황으로 생각했지만 8씩 뛰어 세기를 해서 풀었어요. 8씩 2번 뛰면 16, 4번 뛰면 32, 6번 뛰면 48이 되고, 1번 더 8씩 뛰면 56이 돼요. 답은 7이에요.

두리

④ 둘다 절 반

토리

저는 56 나누기 8을 양쪽 다 절반해서 계산했어요. 양쪽 다 반반하면 28 나누기 4, 또 양쪽 다 반반하면 14 나누기 2예요. 답은 7이에요.

56÷ 8
= 28÷ 4
= 14÷ 2
= 7

⑤ 곱셈을 생각하기

56÷8= ☐
8×☐=56
7×8=56
☐ =7

56 나누기 8을 8에 얼마를 곱하면 56이 되는지 알아보는 상황으로 생각했어요. 칠팔은 오십육 이라는 구구단이 떠올라 답은 7이에요.

하람

전략 토의하기

선생님

각각의 전략에 대한 자신의 의견을 이야기해 봅시다.

보배의 방법은 시간이 많이 걸려서 큰 수의 나눗셈에서 쓰기 힘들 것 같아요.

하람

토리

보배/새나의 방법이나 나래의 방법은 사실 같은 것 같아요. 한 명씩 나누어 주는 건 그림으로 한 것이고, 나래는 뺄셈한 것만 다를 뿐 사실 같은 것처럼 느껴져요.

선생님, 저는 56에 8이 몇 개나 들어가는지 구해 보는 두리의 방법이 잘 이해가 가지 않아요.

보배

〈곱셈감각활동1〉을 같이 복습해 봅시다.

선생님, 두리의 방법이 뺄셈 전략 중 '더해 올라가기', 곱셈전략 중 '곱해 올라가기'랑 비슷한 것 같아요!

하람

두리

토리야, 둘 다 절반 전략을 보니 곱셈 전략에서 말했던 곱절의 절반이 떠올라. 그러다가 나눗셈에서도 곱절의 절반을 하면 어떡하지?

나눗셈 문제 하나를 가지고 곱절의 절반을 한 것과 둘 다 절반을 한 것을 비교해 보자!

토리

보배

선생님, 하람이의 방법이 제일 좋은 방법 같은데 저는 시험 볼 때 생각이 잘 안 나요.

앞으로 선생님과 함께 공부하면서 전략에 대한 궁금증을 하나씩 풀어 보도록 해요.

Guide 각 전략에 대해서 어떻게 생각하는지 자신의 생각을 자유롭게 나타내볼 수 있도록 지도해 주세요.

함께 하기   각 전략에 대한 내 생각을 말해 봅시다.

❶ 누구의 전략이 가장 좋은 방법이라고 생각하나요?

❷ 토리의 방법이 생각나지 않는 보배를 도와줄 수 있는 방법은 무엇이 있을지 함께 생각해봅시다.

2. 짧은 나눗셈 전략 : 한 명씩 나누어 주기

준비물 : 빈 종이와 연필, 바둑돌

 선생님

세화는 사탕을 30개 가지고 있습니다.
5명에게 똑같이 나누어 주면 모두 몇 개씩 가지게 될까요?

| 1 | 1 | 1 | 1 | 1 |

 보배

일단 5명이니까 네모를 5개 그리고 일단 1개씩 나누어 주니 25개가 남고요.

| 1 1 | 1 1 | 1 1 | 1 1 | 1 1 |

또 1개씩 나누어 주니 20개가 남고

| 1 1 1 | 1 1 1 | 1 1 1 | 1 1 1 | 1 1 1 |

또 1개씩 나누어 주니 15개가 남고

(중략)

또 1개씩 나누어 주면 10개가 남고, 또 1개씩 나누어 주면 5개가 남아요.

| 1 1 1 1 1 1 | 1 1 1 1 1 1 | 1 1 1 1 1 1 | 1 1 1 1 1 1 | 1 1 1 1 1 1 |

또 1개씩 나누어 주니 남은 게 이제는 없어요. 네모에 있는 수를 세어 보니 6이라 한 명당 6개씩 갖게 돼요.

30÷5=6 이렇게 식으로 나타낼 수 있겠네요.

| 2 | 2 | 2 | 2 | 2 |

 새나

저는 접시 5개에 2개씩 나눠 줬어요. 그랬더니 20개가 남았어요.

| 2 2 | 2 2 | 2 2 | 2 2 | 2 2 |

또 2개씩 나눠 주니 10개가 남았어요.

| 2 2 2 | 2 2 2 | 2 2 2 | 2 2 2 | 2 2 2 |

네모에 있는 수를 세어 보니 6이라 한 명당 6개씩 갖게 돼요.

새나도 30÷5=6 이렇게 식으로 나타낼 수 있겠네요. 보배와 새나의 방법이 어떤 차이가 있는 것인지 생각해 봅시다.

Guide 실제로 사탕이나 바둑알 등을 이용하여 그릇에 나눠 보면서 설명해 주시고, 보배와 새나의 방법을 아동이 비교할 수 있도록 도와주세요.

1   **12÷4**

2   **21÷3**

3   **36÷6**

4   **20÷5**

스스로 하기 보배의 방법이나 새나의 방법으로 문제를 풀어 보세요.

① **14÷4**

② **25÷7**

③ **48÷6**

④ **35÷5**

⑤ **21÷7**

1) 점배열 지우면서 연속 빼기로 나눗셈 익히기

선생님

25÷6은 얼마인가요?
어떻게 알았나요?

```
        2   5
    -       6   ①
        1   9
    -       6   ①
        1   3
    -       6   ①
            7
    -       6   ①
            1
```

나래

25개를 6개씩 묶어서 나누어 주는 것과 같으니까 25에서 6씩 연속해서 빼니 나중에는 1이 남았어요.

①+①+①+①=4, 나머지는 1이네요. 이번엔 점으로 해 보겠습니다. 점이 25개가 있는데, 점 6개를 지워 보세요.

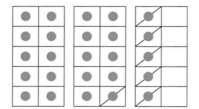

19개가 남았어요.

6개를 또 지워 보세요.

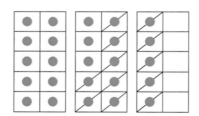

13개가 남았어요.

6개씩 지워 나가며 남는 점을 세 봅시다.

또 6개를 지우면 7개가 남고, 또 6개를 지우면 1개가 남아요. 모두 6개씩 4번을 뺐어요.

식으로 나타내면 25÷6=4⋯나머지1입니다.

그림을 지워 가며 몫과 나머지를 구해 보세요.

① **37÷7**

몫 :

나머지 :

② **46÷9**

몫 :

나머지 :

③ **26÷6**

몫 :

나머지 :

④ **35÷5**

몫 :

나머지 :

함께 하기　　그림을 지워 가며 몫과 나머지를 구해 보세요.

❶ **38÷5**

몫 :

나머지 :

❷ **45÷8**

몫 :

나머지 :

❸ **38÷9**

몫 :

나머지 :

❹ **42÷7**

몫 :

나머지 :

2) 수직선으로 뛰어 세며 연속 빼기로 나눗셈 익히기

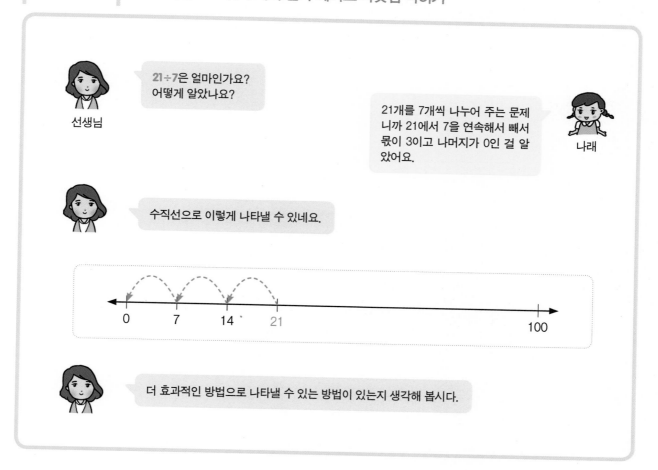

함께 하기   나래처럼 시작이 0이고 끝이 100인 수직선을 그려서 나눗셈을 풀어 봅시다.

1 **25÷5**

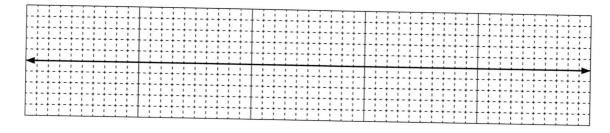

2 **24÷4**

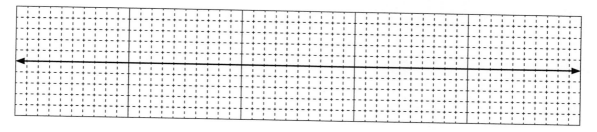

① 45÷5

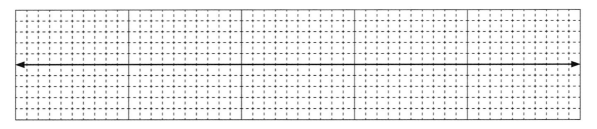

② 81÷9

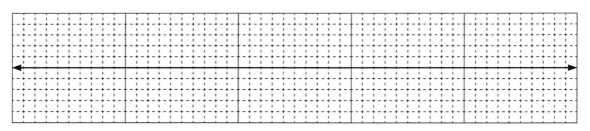

③ 57÷7

④ 65÷8

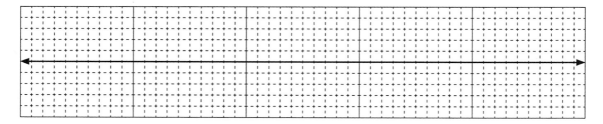

이해하기   1) 곱해 올라가며 나눗셈하기

선생님

67÷8은 얼마인가요? 어떻게 알았나요?

67에 8이 몇 개나 들어있는가 하는 문제로 바꿔서 생각했어요. 8 곱하기 5하면 40이고 그래도 부족하니까 8 곱하기 7 하면 56, 그래도 부족하니까 8 곱하기 8 하면 64예요. 67과 3 차이가 났어요.

두리

식으로 정리하면
8   ×5 … 40
         ×7 … 56
         ×8 … 64
몫은 8 나머지는 3
이렇게 되네요.

Guide   2배씩 곱해 올라가면서 머리셈을 하기 좋은 전략입니다.

함께 하기   두리처럼 곱해 올라가며 나눗셈 문제를 풀어 봅시다.

❶ **67÷9**

9의   ×5 … ☐
      ×6 … ☐
      ×7 … ☐
      … ☐

몫은 ☐   나머지는 ☐

❷ **58÷8**

8의   ×5 … ☐
      ×6 … ☐
      ×7 … ☐
      … ☐

몫은 ☐   나머지는 ☐

스스로 하기 곱해 올라가는 전략으로 문제를 풀어 보세요.

① **42÷5**　　　　몫은 ☐ 나머지는 ☐

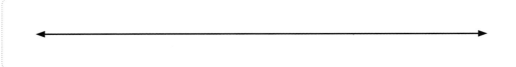

② **58÷6**　　　　몫은 ☐ 나머지는 ☐

③ **45÷7**　　　　몫은 ☐ 나머지는 ☐

④ **75÷8**　　　　몫은 ☐ 나머지는 ☐

⑤ **65÷7**　　　　몫은 ☐ 나머지는 ☐

준비물 : 100점배열판(부록 418), 100숫자판(부록 415)

선생님

43 나누기 6을 해보려 해요.

너무 어려워요.

하나

그래요. 곱셈을 생각해서 풀 수 없으니 어려워요.
대신 43 나누기 6은 '43에 6이 몇 번 들어가니?' 하고 같은 뜻으로 생각하면 돼요.

아직도 잘 모르겠어요.

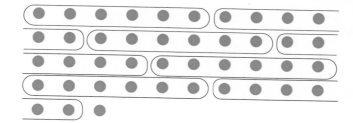

여기 점이 43개인데 6개씩 동그라미 치다 보면 6개, 6개, 6개, 6개, 6개, 6개, 6개 하고
1개가 남네요. 6개가 7개 들어있네요.

알 것 같아요. 근데 이런 그림이 없으면 어떡해요?

1	2	3	4	5	⑥	7	8	9	10
11	⑫	13	14	15	16	17	⑱	19	20
21	22	23	㉔	25	26	27	28	29	㉚
31	32	33	34	35	㊱	37	38	39	40
41	㊷	43	44	45	46	47	48	49	50
51	52	53	54	55	56	57	58	59	60
61	62	63	64	65	66	67	68	69	70
71	72	73	74	75	76	77	78	79	80
81	82	83	84	85	86	87	88	89	90
91	92	93	94	95	96	97	98	99	100

6씩 건너뛰면서 6, 12, 18, 24, 30, 36, 42
까지 동그라미 하고 이제 한 번 더 하면 43
을 넘어가니까 그만해야 해요. 6이 7번 들
어있는 거에요.

알 것 같아요. 100숫자판을 상상하면서 하면 되겠네요.

Guide 부록의 100 점배열판과 100숫자판을 이용하여 나머지가 있는 다른 나눗셈을 해보세요.

선생님

58÷8은 얼마인가요? 어떻게 알았나요?

8 | 58

이렇게 생긴 직사각형의 가로를 구하면 돼요.

두리

5

8 | 40 | 18

10은 너무 많고 5를 생각하면 8×5만큼 먼저 색칠하면 돼요.

5 2

8 | 40 | 16 | 2

18이 남아서 8×2만큼 더 색칠했어요. 몫은 5+2=7이고, 나머지는 2예요.

함께 하기 두리처럼 넓이를 갈라서 나눗셈 문제를 풀어 봅시다.

❶ 68÷8

몫은 ☐ 나머지는 ☐

5

8 | 40

❷ 67÷7

몫은 ☐ 나머지는 ☐

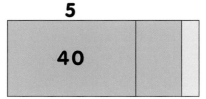

7

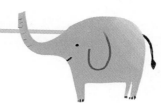

스스로 하기 곱해 올라가는 전략으로 문제를 풀어 보세요.

① 68÷7

몫은 [　] 나머지는 [　]

7 [　　　　　　　　　　]

② 88÷9

몫은 [　] 나머지는 [　]

9 [　　　　　　　　　　]

③ 78÷9

몫은 [　] 나머지는 [　]

9 [　　　　　　　　　　]

④ 69÷9

몫은 [　] 나머지는 [　]

9 [　　　　　　　　　　]

⑤ 54÷8

몫은 [　] 나머지는 [　]

8 [　　　　　　　　　　]

⑥ 51÷7

몫은 [　] 나머지는 [　]

7 [　　　　　　　　　　]

5. 짧은 나눗셈 전략 : 둘 다 절반

이해하기

선생님

56÷8은 얼마인가요? 어떻게 알았나요?

저는 56 나누기 8을 양쪽 다 절반해서 계산했어요. 양쪽 다 절반하면 28 나누기 4,
또 양쪽 다 절반하면 14 나누기 2. 답은 7이에요.

토리

그림을 그리면 이해가 쉬워요. 56÷8은 직사각형에서 가로의 길이를 구하는 것과 같아요.

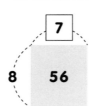

7

8   56

둘 다 절반을 하면 작은 숫자로 쉽게 몫을 구할 수 있어요.
즉, 56÷8과 28÷4은 몫이 7로 같습니다.

7

4   28

Guide   모눈 종이에 둘 다 절반인 두 나눗셈 식을 그려보세요

함께 하기   토리처럼 둘 다 절반을 하여 나눗셈 식을 쉽게 바꾸어 봅시다.

예) 12÷4 $\boxed{6}$ ÷ $\boxed{2}$

❶ 8÷4 $\boxed{}$ ÷ $\boxed{}$ ❷ 18÷4 $\boxed{}$ ÷ $\boxed{}$

둘 다 절반 전략으로 나눗셈 식을 바꿔 풀어 보세요.

① 72÷6   □ ÷ □ = □

② 24÷6   □ ÷ □ = □

③ 48÷6   □ ÷ □ = □

④ 36÷4   □ ÷ □ = □

⑤ 72÷8   □ ÷ □ = □

⑥ 56÷8   □ ÷ □ = □

⑦ 28÷4   □ ÷ □ = □

⑧ 64÷8   □ ÷ □ = □

⑨ 18÷6   □ ÷ □ = □

⑩ 36÷6   □ ÷ □ = □

⑪ 54÷6   □ ÷ □ = □

⑫ 32÷4   □ ÷ □ = □

⑬ 40÷8   □ ÷ □ = □

⑭ 40÷4   □ ÷ □ = □

⑮ 42÷6   □ ÷ □ = □

이해하기

선생님: 18÷4는 얼마인가요? 어떻게 알았나요?

하람: 4단 중에서 18에 가장 가까운 것은 4×4=16이에요. 18에서 16을 빼면 2예요. 그래서 몫이 4이고, 나머지가 2라는 것을 알았어요.

선생님: 잘했어요. 어떤 문제를 풀 때 이 방법이 효과적일까요?

함께 하기

하람이처럼 가까운 곱셈을 이용하여 나눗셈 식을 풀어 봅시다.

예) 15÷5 　　　 **5** × **3** = **15** 　　　 몫은 **3** 나머지는 **없음**

① 16÷5 　　　 ☐ × ☐ = ☐ 　　　 몫은 ☐ 나머지는 ☐

② 21÷7 　　　 ☐ × ☐ = ☐ 　　　 몫은 ☐ 나머지는 ☐

③ 22÷7 　　　 ☐ × ☐ = ☐ 　　　 몫은 ☐ 나머지는 ☐

④ 38÷6 　　　 ☐ × ☐ = ☐ 　　　 몫은 ☐ 나머지는 ☐

⑤ 66÷8 　　　 ☐ × ☐ = ☐ 　　　 몫은 ☐ 나머지는 ☐

⑥ 57÷8 　　　 ☐ × ☐ = ☐ 　　　 몫은 ☐ 나머지는 ☐

⑦ 81÷9 　　　 ☐ × ☐ = ☐ 　　　 몫은 ☐ 나머지는 ☐

⑧ 82÷9 　　　 ☐ × ☐ = ☐ 　　　 몫은 ☐ 나머지는 ☐

선생님이 나눗셈을 말로 불러 주면 어떤 구구단을 떠올리며 풀었는지 말해 보세요.

				몫		나머지					몫		나머지
37	÷	7	=		…		39	÷	7	=		…	
39	÷	4	=		…		78	÷	9	=		…	
68	÷	9	=		…		42	÷	5	=		…	
18	÷	7	=		…		66	÷	8	=		…	
47	÷	9	=		…		44	÷	7	=		…	
21	÷	4	=		…		14	÷	6	=		…	
43	÷	8	=		…		45	÷	8	=		…	
20	÷	8	=		…		24	÷	7	=		…	
63	÷	8	=		…		46	÷	7	=		…	
25	÷	8	=		…		26	÷	7	=		…	
32	÷	7	=		…		48	÷	7	=		…	
22	÷	3	=		…		89	÷	9	=		…	
30	÷	6	=		…		48	÷	9	=		…	
52	÷	8	=		…		22	÷	6	=		…	
33	÷	5	=		…		49	÷	8	=		…	
72	÷	8	=		…		50	÷	8	=		…	
50	÷	6	=		…		83	÷	7	=		…	
36	÷	8	=		…		51	÷	7	=		…	
49	÷	5	=		…		53	÷	8	=		…	
88	÷	9	=		…		73	÷	5	=		…	
36	÷	7	=		…		53	÷	9	=		…	
55	÷	9	=		…		27	÷	2	=		…	
67	÷	8	=		…		54	÷	7	=		…	
38	÷	4	=		…		37	÷	9	=		…	
26	÷	8	=		…		56	÷	6	=		…	

선생님

35 나누기 4를 해보려 해요.

너무 어려워요.

하나

35 안에 4가 얼마나 들어 있는지로 바꿔서 생각하면 쉬워요.
곱셈표에서 4단에 해당하는 세로 칸을 아래로 읽어 내려가면서
35에 가까운 수 2개를 찾아보세요.

| 4×8 | 32니까 가까워요.

또 하나는?

| 4×9 | 는 36이니까 가까워요.

맞아요. 그러니까 35는 | 4×8 | 과 | 4×9 | 사이의 수예요.
4가 8번 들어가고 나머지가 있는 수예요.
이번에는 45 나누기 7을 하려고 해요. 곱셈표의 7단에서 45에 가까운 수 2개를
찾아보세요.

45는 | 7X6 | 42와 | 7X7 | 49 사이에 있는 수예요.

그러면 45에는 7이 몇 번 들어가나요?

6번 들어가고 나머지가 있어요.

Guide 나머지가 있는 작은 나눗셈을 말해주고 가까운 곱셈카드 2개를 찾아봅니다. 같은 수로 시작하는 곱셈카드 2쌍을 주고
사이에 올 수를 말하는 활동도 해봅시다.

3) 곱셈을 생각하며 검산하기

선생님

35÷7=5의 답이 맞는지 어떻게 검산할 수 있나요?

5 곱하기 7은 35니까 맞았습니다.

하람

41÷7=6의 답이 맞는지 어떻게 검산할 수 있나요?

6 곱하기 7은 42니까 틀렸습니다.

'26÷4=6나머지2'는 어떻게 검산할 수 있나요?

6 곱하기 4는 24고 24에 2를 더하면 26이므로 맞았습니다.

'28÷3=8나머지2'는 어떻게 검산할 수 있나요?

8 곱하기 3은 24이고 24에 2를 더하면 26이므로 틀렸습니다.

Guide 학생이 전에 이 방법을 써 본 적이 없다면 9장을 먼저 풀고 아래의 문제를 풀 수 있도록 도와주세요.

함께 하기   하람이처럼 나눗셈 식을 검산하여 봅시다.

예) **25÷5=5**   5 × 5 = 15 이니까 (맞았습니다 / 틀렸습니다.)

❶ **64÷8=7**   ☐ × ☐ = ☐ 이니까 (맞았습니다. / 틀렸습니다.)

❷ **16÷3=5...1**   ☐ × ☐ = ☐ 이고 ☐ 에 ☐ 를 더하면 ☐ 이므로(맞았습니다. / 틀렸습니다.)

				몫		나머지
12	÷	7	=	1	…	6
48	÷	6	=	8	…	1
38	÷	6	=	6	…	2
76	÷	9	=	8	…	4
13	÷	8	=	1	…	5
66	÷	9	=	7	…	3
63	÷	8	=	7	…	6
36	÷	7	=	5	…	1
24	÷	5	=	4	…	4
34	÷	6	=	5	…	4
21	÷	4	=	5	…	1
87	÷	9	=	9	…	7
50	÷	7	=	7	…	0
46	÷	6	=	8	…	4
37	÷	8	=	3	…	5
29	÷	8	=	3	…	5
59	÷	7	=	8	…	3
26	÷	6	=	4	…	2

				몫		나머지
65	÷	8	=	8	…	1
41	÷	7	=	6	…	0
17	÷	6	=	2	…	5
43	÷	9	=	4	…	7
22	÷	8	=	2	…	6
42	÷	5	=	8	…	2
60	÷	9	=	5	…	1
35	÷	4	=	8	…	2
79	÷	9	=	8	…	7
47	÷	6	=	7	…	5
64	÷	7	=	9	…	1
64	÷	8	=	8	…	0
23	÷	6	=	4	…	1
47	÷	8	=	6	…	1
51	÷	6	=	8	…	2
48	÷	9	=	5	…	3
29	÷	5	=	5	…	4
48	÷	5	=	9	…	3

이해하기

1) 곱셈삼각형카드로 나눗셈 유창성 훈련하기   준비물 : 곱셈삼각형카드(부록 487-540)

선생님

12÷4를 풀기 위해 생각할 곱셈은 무엇이 있을까요?

4×3=12 나 3×4=12에요.

마루

잘했어요, 이렇게
12÷4=3, 12÷3=4, 4×3=12,
3×4=12를 곱셈가족이라고 해요.
이 곱셈가족을 표현한 삼각형카드
가 이거예요. 이 카드를 보면서 곱
셈 가족 4개를 다시 말해보세요.

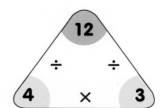

Guide   12를 삼각형 맨 위 꼭지점에 위치하게 해 주세요.

함께 하기

곱셈가족을 완성한 후 해당하는 곱셈삼각형카드를 찾아서 카드를
4가지 방법으로 읽어보세요

곱셈가족	
예) 2X1=2 2÷1=2 2÷2=1	
2×2=4	4×2=2
2×3=6	6×2=3 6÷3=2
2×4=8	8÷2=4 8÷4=2
2×5=10	10÷2=5 10÷5=2
2×6=12	12÷2=6 12÷6=2
2×7=14	14÷2=7 14÷7=2
2×8=16	16÷2=8 16÷8=2
2×9=18	18÷9=2 18÷2=9

곱셈가족	
3×1=3	3÷3=1 3÷1=3
3×2=6	6÷3=2 6÷2=3
3×3=9	9÷3=3
3×4=12	12÷3=3 12÷4=3
3×5=15	15÷3=5 15÷5=3
3×6=18	18÷3=6 18÷6=3
3×7=21	21÷3=7 21÷7=3
3×8=24	24÷3=8 24÷8=3
3×9=27	27÷3=9 27÷9=3

곱셈 식	나눗셈 식	곱셈 식	나눗셈 식
4×1=4	□÷□=□ □÷□=□	5×1=5	□÷□=□ □÷□=□
4×2=8	□÷□=□ □÷□=□	5×2=10	□÷□=□ □÷□=□
4×3=12	□÷□=□ □÷□=□	5×3=15	□÷□=□ □÷□=□
4×4=16	□÷□=□	5×4=20	□÷□=□ □÷□=□
4×5=20	□÷□=□ □÷□=□	5×5=25	□÷□=□
4×6=24	□÷□=□ □÷□=□	5×6=30	□÷□=□ □÷□=□
4×7=28	□÷□=□ □÷□=□	5×7=35	□÷□=□ □÷□=□
4×8=32	□÷□=□ □÷□=□	5×8=40	□÷□=□ □÷□=□
4×9=36	□÷□=□ □÷□=□	5×9=45	□÷□=□ □÷□=□

곱셈 식	나눗셈 식
6×1=6	
6×2=12	
6×3=18	
6×4=24	
6×5=30	
6×6=36	
6×7=42	
6×8=48	
6×9=54	

곱셈 식	나눗셈 식
7×1=7	
7×2=14	
7×3=21	
7×4=28	
7×5=35	
7×6=42	
7×7=49	
7×8=56	
7×9=63	

곱셈 식	나눗셈 식
8×1=8	
8×2=16	
8×3=24	
8×4=32	
8×5=40	
8×6=48	
8×7=56	
8×8=64	
8×9=72	

곱셈 식	나눗셈 식
9×1=9	
9×2=18	
9×3=27	
9×4=36	
9×5=45	
9×6=54	
9×7=63	
9×8=72	
9×9=81	

$24 \div 6 = ?$

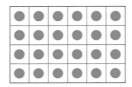

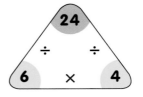

나눗셈 식

나눗셈 점배열

나눗셈 삼각형카드

$24 \div 6 = ?$

점은 6개

$6 \div 2 = ?$

점은 12개

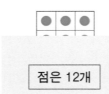

$12 \div 3 = ?$

점은 28개

$28 \div 7 = ?$

점은 30개

$30 \div 5 = ?$

점은 24개

선생님

맨 아래 | 1 / 1   1 | 부터 왼쪽에서 오른쪽으로 읽어 보세요.

1 나누기 1은 1, 2 나누기 1은 2, ….

하나

Guide 처음에는 교사와 학생이 나눗셈산을 소리 내어 읽으면서 규칙성을 찾아 보도록 해 주세요. 추후 숙달이 되면, 〈스스로 하기〉 때에는 빈칸 넣기에 걸린 시간을 반드시 재며 유창성을 기를 수 있도록 지도해 주세요.

함께 하기   하나처럼 선생님과 나눗셈산을 읽으면서 규칙을 찾아봅시다.

							81 9 9
						64 8 8	**72** 8 9
					49 7 7	**56** 7 8	**63** 7 9
				36 6 6	**42** 6 7	**48** 6 8	**54** 6 9
			25 5 5	**30** 6 5	**35** 5 7	**40** 5 8	**45** 5 9
		16 4 4	**20** 4 5	**24** 4 6	**28** 4 7	**32** 4 8	**36** 4 9
	9 3 3	**12** 3 4	**15** 3 5	**18** 3 6	**21** 3 7	**24** 3 8	**27** 3 9
4 2 2	**6** 2 3	**8** 2 4	**10** 2 5	**12** 2 6	**14** 2 7	**16** 2 8	**18** 2 9
1 1 1	**2** 1 2	**3** 1 3	**4** 1 4	**5** 1 5	**6** 1 6	**7** 1 7	**8** 1 8	**9** 1 9

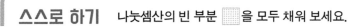

								81 9　9
							64 □　8	72 □　9
						49 7　7	56 □　8	63 □　9
					36 □　6	42 □　7	48 □　8	54 □　9
				25 □　5	30 6　5	35 5　7	40 □　8	45 □　9
			16 4　4	20 4　5	24 □　6	28 4　□	32 4　8	36 4　□
		9 3　□	12 3　4	15 3　□	18 3　6	21 3　7	24 3　□	27 3　9
	4 2　2	6 □　3	8 2　4	10 □　5	12 2　6	14 2　7	16 2　□	18 2　9
1 1　1	2 1　2	3 1　3	4 1　4	5 1　5	6 1　6	7 1　7	8 1　8	9 1　9

날짜 :	합산 점수 :	/ 20	걸린 시간 :　　분　　초

D단계

긴 나눗셈

전략 소개

선생님

> 200÷25를 어떻게 계산했는지 친구들에게 소개해 봅시다.

❶ 연속 빼기

$$200-25-25-25-25-25-25-25-25=0$$

> 200개를 25명에게 나누어 주는 상황으로 생각했어요. 그래서 200에서 25를 계속해서 뺐어요. 8번 빼니 0이 되었어요. 답은 8이에요.

나래

❷ 묶음 지어 빼기

하람

> 저도 200개를 25명에게 나누어 주는 상황으로 생각했지만 25씩 빼지 않고 25의 4배인 100을 우선 뺐더니 100이 남아서 또 100을 뺐어요. 25를 8번 뺀 셈이니까 답은 8.

$$
\begin{array}{r}
200 \\
- \ 100 \ \cdots \ \boxed{4} \\
\hline
100 \\
- \ 100 \ \cdots \ \boxed{4} \\
\hline
= \quad 0
\end{array}
$$

❸ 곱하며 올라가기

$$25 \times 2 = 50$$
$$25 \times 4 = 100$$
$$25 \times \boxed{8} = 200$$

> 저는 200에 25가 몇 번 들어 있는지 알아보는 상황으로 생각했어요. 25를 2배하니 50, 4배하니 100, 8배하니 200, 답이 쉽게 찾아졌어요. 답은 8이에요.

두리

❹ 비례 추론

토리

> 저는 200 나누기 25는 너무 큰 나눗셈이어서 양쪽 다 먼저 5로 나누었어요. 그러면 40 나누기 5가 돼요. 그러면 쉽게 답을 찾을 수 있어요. 답은 8이에요.

$$
\begin{array}{c}
200 \div 25 \\
\div 5 \quad \div 5 \\
\hline
= \quad 40 \div 5
\end{array}
$$

선생님

각각의 전략에 대한 자신의 의견을 이야기해 봅시다.

나래야, 너의 방법은 시간이 너무 많이 걸릴 것 같아.

토리

나래

시간은 많이 걸려도 쉽게 할 수 있는 장점도 있어.
두리야, 그런데 너의 방법대로 풀려면 8을 곱할지
6을 곱할지 알 수가 없어서 어려워.

함께 공부하면서 생각해 보자! 하람아, 그런데 너의 방법에서
4배와 4배가 있으니까 답이 8이라는 걸 이해하기가 어려워.

두리

하람

25가 4번, 4번 모두 8번 들어갔다고 생각해 보면 쉬울 거야.

토리야, 너의 방법은 좋은 것 같은데 둘이 한 번에 5로 나눈다는
걸 떠올리기가 어려운 것 같아. 보통 2로만 나누게 되거든.

새나

토리

어떤 수로 양쪽을 다 나눌 수 있는지 잘 알아내는 방법을
선생님께 여쭈어보자.

함께 하기   각 전략에 대한 내 생각을 말해 봅시다.

❶ 토리의 방법이 이해가지 않는 나래에게 설명해 줄 수 있는 방법은 무엇이 있나요?

❷ 토리의 전략을 쓸 때 어떤 수로 양쪽을 다 나눌 수 있을지 알아보는 방법은 무엇이 있을까요?

2. 긴 나눗셈 전략 : 연속 빼기

이해하기 1) 연속 빼기하며 나눗셈하기

선생님

84÷7은 얼마인가요? 어떻게 알았나요?

7보다 작은 수가 남을 때까지 84에서 계속 뺀 다음 몇 번 뺐는지 세어서 풀기로 했어요. 그런데, 7을 빼는 건 너무 오래 걸려서 7의 2배인 14로 뺀 다음 나중에 2씩 세었어요.

나래

```
      8  4
   -  1  4   (2)
      7  0
   -  1  4   (2)
      5  6
   -  1  4   (2)
      4  2
   -  1  4   (2)
      2  8
   -  1  4   (2)
      4  2
   -  1  4   (2)
            0
```

몫은 (2)+(2)+(2)+(2)+(2)+(2)=12, 나머지는 0이네요. 식으로 나타내면 84÷7=12입니다.

1 135÷9=

$$
\begin{array}{r}
1\ 3\ 5 \\
-\qquad (\quad) \\
\hline
\end{array}
$$

2 107÷7=   ...

$$
\begin{array}{r}
1\ 0\ 7 \\
-\qquad (\quad) \\
\hline
\end{array}
$$

3 112÷6=   ...

$$
\begin{array}{r}
1\ 1\ 2 \\
-\qquad (\quad) \\
\hline
\end{array}
$$

4 153÷8=   ...

$$
\begin{array}{r}
1\ 5\ 3 \\
-\qquad (\quad) \\
\hline
\end{array}
$$

5 126÷7=

$$
\begin{array}{r}
1\ 2\ 6 \\
-\qquad (\quad) \\
\hline
\end{array}
$$

6 176÷8=

$$
\begin{array}{r}
1\ 7\ 6 \\
-\qquad (\quad) \\
\hline
\end{array}
$$

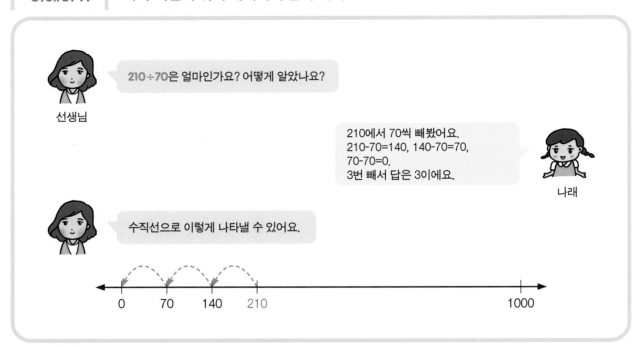

함께 하기 　나래처럼 시작이 0이고 끝이 1,000인 수직선을 그려서 나눗셈을 풀어 봅시다.

① 450÷90=

② 400÷80=

③ 710÷80=　⋯

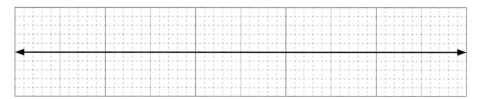

1 420÷70

2 250÷15

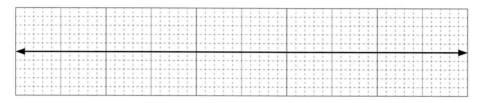

3 750÷25

4 990÷330

5 660÷110

6 1000÷90

3. 긴 나눗셈 전략 : 묶음 지어 빼기

이해하기

선생님

380÷30은 얼마인가요? 어떻게 알았나요?

380에서 30씩 빼서 30보다 적은 수가 남을 때까지 뺐어요.
30을 10번 빼기 위해 300을 뺐어요.
그래도 80이 남아서 30을 2번 빼기 위해 60을 뺐더니 이제 더 뺄 수 없었어요.
모두 12번을 빼고 20이 남았어요.

하람

이렇게 식으로 나타낼 수 있어요.

```
30 ) 380
      300      10번
       80
       60      2번
       20
```

+÷=
Guide   2배씩 곱해 올라가면서 머리셈을 하기 좋은 전략입니다.

함께 하기

하람이처럼 한 번에 몫을 찾기보다는 10 또는 5 또는 2를 곱한 수를
단계별로 빼는 방식으로 나눗셈 문제를 풀어 봅시다.

1 1000÷30=

```
30 ) 1000
            번
_____
            번
```

2 2000÷25=

```
25 ) 2000
            번
_____
            번
```

3 3000÷40=

```
40 ) 3000
            번
_____
            번
```

4 2000÷35=

```
35 ) 2000
            번
_____
            번
```

30) 2000   22) 2000   40) 3500

33) 4000   30) 1300   25) 2100

45) 1000   90) 2000   32) 4000

30) 1592   25) 7777   40) 9999

15) 1111   22) 2004   33) 4040

4. 긴 나눗셈 전략 : 곱해 올라가기

이해하기 1) 수직선 이용하여 곱해 올라가기

선생님

102÷3은 얼마인가요? 어떻게 알았나요?

102÷3은 3에다 몇을 곱해야 102가 되느냐 하는 문제와 같아요.
먼저 30씩 3번 뛰어 세고 또 3씩 4번 뛰어 세니 102가 되었어요.
답은 10+10+10+1+1+1+1이므로 34예요.

두리

이렇게 수직선으로 나타낼 수 있습니다.

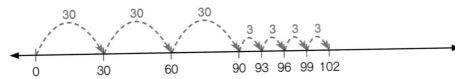

함께 하기 두리처럼 곱해 올라가며 나눗셈 문제를 풀어 봅시다.

① 210÷5=

② 315÷7=

③ 352÷8=

1 **432÷12**

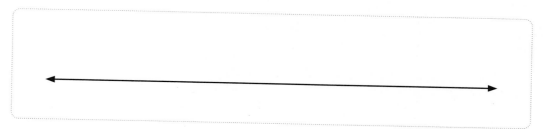

2 **803÷11**

3 **215÷15**

4 **317÷8**

5 **352÷4**

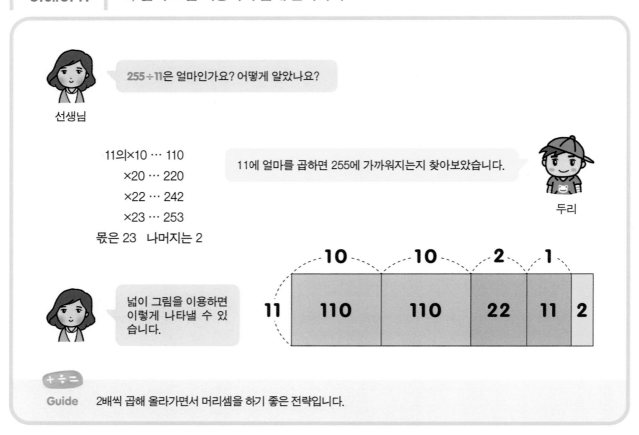

선생님

255÷11은 얼마인가요? 어떻게 알았나요?

11의×10 … 110
　×20 … 220
　×22 … 242
　×23 … 253
몫은 23　나머지는 2

11에 얼마를 곱하면 255에 가까워지는지 찾아보았습니다.

두리

넓이 그림을 이용하면 이렇게 나타낼 수 있습니다.

Guide 2배씩 곱해 올라가면서 머리셈을 하기 좋은 전략입니다.

함께 하기 두리처럼 10씩, 1씩 늘리면서 곱하는 방법으로 나눗셈 문제를 풀어 봅시다.

❶ 423÷12

12의×10 …
　×20 …
　×30 …
　×35 …

몫은 [　]　나머지는 [　]

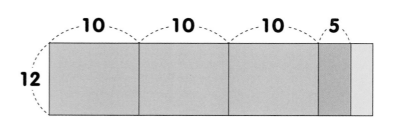

❷ 761÷25

25의×10 …
　×20 …
　×30 …

몫은 [　]　나머지는 [　]

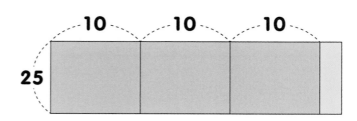

1 **900÷33**

33의×10 …
×20 …
×25 …
×27 …

몫은 [ ]   나머지는 [ ]

33

2 **1200÷15**

15의×20 …
×40 …
×80 …

몫은 [ ]   나머지는 [ ]

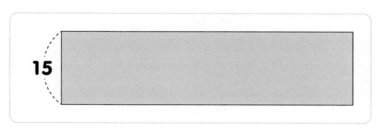

15

3 **661÷21**

21의×10 …
×20 …
×30 …
×31 …

몫은 [ ]   나머지는 [ ]

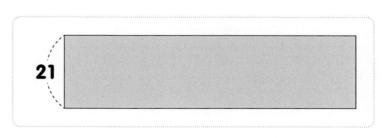

21

4 **800÷25**

25의×10 …
×20 …
×30 …
×32 …

몫은 [ ]   나머지는 [ ]

25

D단계 5. 긴 나눗셈 전략 : 비례 추론

이해하기

선생님

192÷16은 얼마인가요? 어떻게 알았나요?

192 ÷ 16

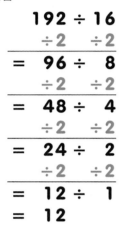

수가 너무 커서 몫이 대략 얼마인지 감이 안 잡혀서 두 수를 모두 같은 비율로 줄여 봤어요. 192 나누기 16에서 두 수를 절반으로 하면 96 나누기 8과 같고, 또 절반으로 하면 48 나누기 4와 같아요. 또 절반으로 하면 24 나누기 2와 같으니까 답은 12예요.

토리

식으로 이렇게 나타낼 수 있어요.

그런데 이 전략을 보고 새나는 16을 절반으로 하려면 192는 두 배를 하여야 한다고 생각하네요.
새나에게 어떻게 설명해 줄 수 있을까요?

Guide

둘 다 절반 전략에서 직사각형의 가로, 세로 길이를 절반씩 줄이는 방법으로 확인했던 것처럼, 문제를 바꿔도 같은 비율로 바꾸면 몫에 영향을 주지 않음을 학생에게 충분히 이해시켜 주세요.

함께 하기   토리처럼 나눗셈 식을 쉽게 바꾸어 풀어 봅시다.

$$100 ÷ 4$$
÷2   ÷2
= □ ÷ □
÷2   ÷2
= □ ÷ □
= □

$$400 ÷ 8$$
÷2   ÷2
= □ ÷ □
÷2   ÷2
= □ ÷ □
÷2   ÷2
= □ ÷ □
= □

$$800 ÷ 16$$
÷2   ÷2
= □ ÷ □
÷2   ÷2
= □ ÷ □
÷2   ÷2
= □ ÷ □
÷2   ÷2
= □ ÷ □
= □

48 ÷ 4
÷2   ÷2
= [   ] ÷ [   ]
÷2   ÷2
= [   ] ÷ [   ]
= [   ]

300 ÷ 25
÷5   ÷5
= [   ] ÷ [   ]
= [   ]

308 ÷ 14
÷2   ÷2
= [   ] ÷ [   ]
÷7   ÷7
= [   ] ÷ [   ]
= [   ]

104 ÷ 8
÷2   ÷2
= [   ] ÷ [   ]
÷2   ÷2
= [   ] ÷ [   ]
÷2   ÷2
= [   ] ÷ [   ]
= [   ]

96 ÷ 8
÷2   ÷2
= [   ] ÷ [   ]
÷2   ÷2
= [   ] ÷ [   ]
÷2   ÷2
= [   ] ÷ [   ]
= [   ]

184 ÷ 8
÷2   ÷2
= [   ] ÷ [   ]
÷2   ÷2
= [   ] ÷ [   ]
÷2   ÷2
= [   ] ÷ [   ]
= [   ]

384 ÷ 16
÷2   ÷2
= [   ] ÷ [   ]
÷2   ÷2
= [   ] ÷ [   ]
÷2   ÷2
= [   ] ÷ [   ]
÷2   ÷2
= [   ] ÷ [   ]
= [   ]

800 ÷ 20
÷2   ÷2
= [   ] ÷ [   ]
÷2   ÷2
= [   ] ÷ [   ]
÷5   ÷5
= [   ] ÷ [   ]
= [   ]

288 ÷ 18
÷2   ÷2
= [   ] ÷ [   ]
÷3   ÷3
= [   ] ÷ [   ]
÷3   ÷3
= [   ] ÷ [   ]
= [   ]

왼쪽 나눗셈을 쉬운 나눗셈으로 바꾼 나눗셈을 오른쪽에서 찾아서
이어 보세요.

120÷6 •	
200÷8 •	• 50÷2
100÷4 •	
400÷16 •	
240÷12 •	• 60÷3
360÷18 •	
480÷24 •	
600÷30 •	• 48÷2
720÷36 •	
96÷4 •	
384÷16 •	• 250÷2
192÷8 •	
500÷4 •	
1000÷8 •	• 46÷2
184÷8 •	
144÷6 •	
288÷12 •	• 72÷3
24÷4 •	
48÷8 •	• 12÷2
192÷32 •	

모범 답안

(사) 곱셈

A단계		B단계	
C단계		D단계	
E단계			

(아) 나눗셈

A단계		B단계	
C단계		D단계